# 清代河務檔案

QINGDAI HEWU DANG'AN

3

《清代河務檔案》編寫組 編

广西师范大学出版社
GUANGXI NORMAL UNIVERSITY PRESS
·桂林·

# 第三册目録

# 河東河道總督奏摺底（一）

# 咸豐九年河東河道總督奏事摺底

河東

黃贊湯奏稿

四冊、清文宗咸豐九、五、三

至穆宗同治元、又八、十三

張緘題 廿六年十八 京

奏為恭報微臣到任日期叩謝

天恩仰祈

聖鑒事竊臣欽承

恩命簡授河東河道總督疊承

召對

訓諭周詳荷
温語之垂詢俾悃誠之悉達並蒙
恩賞御製詩墨刻手卷
鴻施逾格感激難名 臣 於四月初五日
陛辭後因念伏汛届期河防緊要隨於十五日出都
二十五日途次經河南巡撫兼署河 臣 瑛 將

關防文卷委員賫送前來臣恭設
香案望
闕叩頭祗領任事茲於五月初一日抵工暫駐陳
橋垻行館伏念臣通籍以來歷任京職於外任
事宜素未諳練加以膽怯才疎早邀
聖明洞鑒一旦膺此重寄兢惕實深況河事艱於往

昔皖捻擾於鄰近捐輸竭於再四餉項絀於庫
儲防汛防捻在在俱形拮据臣惟有督率在工
大小文武員弁實力防守盡心籌畫現在伏汛
將臨擬即親履河干勘視各工其有應行修整
之處立即飭員趕辦未雨綢繆以期仰答
高厚鴻慈於萬一至大溜未循故道是否可以因地

制宜現在無工廳員是否可以裁減容俟察看
情形博採衆議必當慎之於始慮其所終再行
據實入告所有微臣到任日期謹專摺
奏報叩謝
天恩再臣自十五日出京直至二十七日行抵衛輝
一夜微雨亦未霑足所過直隸地方趙州以北

處處祈禱詢之沿途居民據稱畿南大順廣三
府不久得有小雨河北各郡雖雨仍未深透河
南則甘霖普徧秋稼可望豐收謹以附
聞伏乞
皇上聖鑒謹
奏

咸豐九年五月初五日具

奏於五月二十二日奉到

硃批知道了欽此

奏為查明本年二三兩月、各湖存水尺寸、分繕清
單彙案恭摺具
奏、仰祈
聖鑒事、案查嘉慶十九年六月内欽奉
上諭湖水所收尺寸、每月查開清單具奏一次等因、欽

此所有本年正月分湖水尺寸業經前兼署河
臣瑛繕單
奏報在案茲查接管卷內據運河道敬和稟送二
月分各湖存水尺寸清摺到前兼署河臣未及
核奏移交到臣臣正在核繕具奏間復據該道
將三月分各湖存水尺寸開摺具稟前來伏查此案

向係按月具奏、茲因交卸舵延擱、臣未敢拘泥成案、致有更稽延、謹
將二三兩月各湖存水尺寸、分繕清單、彙案
奏報、以免遲誤、臣查微山湖定誌、收水在一丈四
尺以內、因豐工漫水灌注、量驗湖底積受新淤、
恐不敷濟運、經前河臣會同撫臣崇
奏奉

上諭、加收一尺、以誌椿存水一丈五尺為度、本年正
月分存水九尺六寸、二月內水無消長、較八年
二月水小一尺八寸、三月內消水二寸、寔存水
九尺四寸、較八年三月水小四寸、此外二月內、
除馬場一湖長水一寸、南旺蜀山馬踏三湖、均
水無消長、其昭陽南陽獨山三湖、各消水二寸、

三月内昭陽等七湖、消水自一寸至八寸不等、計昭陽湖二月内存水四尺三寸、三月内存水四尺一寸、南陽湖二月内存水二尺一寸、三月内存水一尺九寸、南旺湖二月内存水二尺一寸、三月内存水一尺九寸、獨山湖二月内存水四尺五寸、三月内存水四尺三寸、馬場湖二月

内存水二尺八寸、三月内存水二尺七寸、蜀山
湖二月内存水五尺八寸、三月内存水五尺、馬
踏湖二月内存水三尺九寸一分、三月内存水
三尺五寸八分、以上各湖存水本年二月内、除南旺
馬場馬踏三湖、比上年二月水大六寸二分、及
一尺七寸五分、並二尺一分外、餘俱較小自五

寸至三尺二分不等、本年三月內、比上年三月
水大一尺八寸、及一尺七寸四分、並一尺八寸
三分外、餘俱較小自三寸至三尺四寸六分不
等、查東省濱河一帶、雖近日偶得雨澤、各路來
源、仍不甚旺、以致各湖存水消多長少、現已夏
令、惟冀大雨溼沛、以（方能）期源源增益、臣當嚴飭道

廳、廣籌收蓄不任稍有疎忽以仰副

聖主重灕利運之至意所有本年二三兩月各湖存

水尺寸謹分繕清單彙案恭摺具

奏伏乞

皇上聖鑒再嗣後仍應循照舊章按月隨時專案奏

報合併陳明謹

此次[illegible]案並奏[illegible]

因時[illegible]

各湖存水尺寸

奏

奏再此次因時汛交卸當案並奏前後各湖存水

尺寸仍擬循照舊章按月隨時專案奏報合併

陳明伏乞

皇上聖鑒謹奏

謹将咸豐九年二三兩月各湖存水實在尺寸、
逐一分晰開明、恭呈
御覧、
二月分運河西岸自南而北四湖水深尺寸、
一微山湖以誌樁水深一丈二尺為度、先因湖
底淤墊三尺、不敷濟運、奏明收符定誌在一丈

四尺以內、又因豐工漫水灌注、量驗湖底復
受新淤二尺七寸、奏奉
上諭加収一尺、以誌樁存水一丈五尺為度、本年正
月分存水九尺六寸、二月內水無消長、仍存
水九尺六寸、較八年二月水小一尺八寸、
一昭陽湖本年正月分存水四尺五寸、二月內

消水二寸、寔存水四尺三寸、較八年二月水
小九寸、
一南陽湖、本年正月分存水二尺三寸、二月內
消水二寸、寔存水二尺一寸、較八年二月水
小九寸、
一南旺湖、本年正月分存水二尺一寸、二月內

水無消長仍存水二尺一寸較八年二月水
大六寸二分
上諭運河東岸自南而北四湖水深尺寸
一獨山湖本年正月分存水四尺七寸二月內
消水二寸寔存水四尺五寸較八年二月水
小五寸

一馬場湖本年正月分存水二尺七寸二月內長水一寸寔存水二尺八寸較八年二月水大一尺七寸五分

一蜀山湖定誌收水一丈一尺為度本年正月分存水五尺八寸二月內水無消長仍存水五尺八寸較八年二月水小三尺二分

一馬踏湖本年正月分存水三尺九寸一分二月内水無消長仍存水三尺九寸一分較八年二月水大二尺一分

三月分運河西岸自南而北四湖水深尺寸

一微山湖以誌樁水深一丈二尺為度先因湖底淤墊三尺不敷濟運奏明收符定誌在一

丈四尺以內、又因豐工漫水灌注、量驗湖底、
復受新淤二尺七寸、奏奉
上諭加收一尺、以誌樁存水一丈五尺為度、本年二
月分存水九尺六寸、三月內消水二寸、實存
水九尺四寸、較八年三月水小四寸、
一昭陽湖本年二月分存水四尺三寸、三月內

消水二寸、實存水四尺一寸、較八年三月水
小七寸、

一南陽湖、本年二月分存水二尺一寸、三月內
消水二寸、實存水一尺九寸、較八年三月水
小七寸、

一南旺湖、本年二月分存水二尺一寸、三月內

消水二寸實存水一尺九寸較八年三月水
大一尺八寸
運河東岸自南而北四湖水深尺寸
一獨山湖本年二月分存水四尺五寸三月内
消水二寸實存水四尺三寸較八年三月水
小三寸

一馬場湖本年二月分存水二尺八寸三月內消水一寸實存水二尺七寸較八年三月水大一尺七寸四分

一蜀山湖定誌收水一丈一尺爲度本年二月分存水五尺八寸三月內消水八寸實存水五尺較八年三月水小三尺四寸六分

一馬踏湖本年三月分存水三尺九寸一分三

月內消水三寸三分實存水三尺五寸八分

較八年三月水大一尺八寸三分

咸豐九年五月初十日具

奏於六月初九日奉到

硃批知道了欽此

奏為查核豫東黃運兩河工程河勢謹將大概情
形先行具陳仰祈
聖鑒事竊臣欽承
恩命補授河東河道總督業將到工任事日期
奏報在案伏念臣素昧修防未諳畚揷黃運湖河

情形互異疏濬挑築事務繁重必須查明案卷
悉心講求廣諮博採折中一是以期工歸實在
費不虛糜現將積壓案牘赶緊清理俟辦有頭
緒即赴兩岸周歷勘工查黃河下游各廳連年
工雖停辦而上游有河七廳仍應實力修守庶
能保衛民生惟當此時艱餉絀於慎重工程之

中仍應力求撙節復查河工奢華積習從前在所
不能免　臣亦素所聞知自修防經費搭用寶鈔
以來鈔價過賤辦工尚形竭蹶雖有習氣無所
施其伎倆然　臣不敢謂竟無弊竇仍當隨時隨
處留心稽察力求整頓如有不肖之員不遵訓
誡立即據寔

奏恭不稍姑容至蘭陽口門一時無款興堵黃流
經由豫直東三省各州縣地方詢知近年漸漸
刷有河槽從前漫淹各處間多涸出田畝可以
播種則因勢利導之機不可再事因循臣本擬
親往查勘緣往返需時庚伏即屆水長無定黃
河修守緊要一應事宜必須妥為布置因劄委

上年原勘之京員刑科給事中宗稷辰内閣中
書陳繼業帶領明白工程武弁前往周歷各州
縣確查應如何築埝攔束或已經百姓興築自
為保衛或尚須官為修防是否可以順此時大
溜入海無煩另議復堵統俟將寔在情形稟到
臣再詳加察核繪圖貼說分晰具

奏其無工廳員可否裁減亦當一併奏
聞至防守河岸稽查渡口原以杜奸細混跡渡河窺伺
北省盡寔現雖委員分段巡查而其中勤惰不
一尚須分別去留已於此次另片陳明臣又查
得皖省捻匪未靖界連豫東出沒靡常時思北
竄上游尚有黃河之險可守下游乾河身內徒

步可行是以股匪屢入東境竄擾先經前河臣
並兼署河臣 飭委京員吏部主事同順會同曹
州府（鄆府壹正詩）督飭所屬各縣會商各處紳民熟籌將東
省曹單二縣及豫省考城蘭儀二縣各境內就
北岸乾河大堤根挑濠培堤築成陡壁俾該匪
不能竄越辦理尚為妥協此項工程民捐民辦

毋須請

帑俟工竣再行委員查驗現又籌議於北岸上堤各埠道派撥員弁兵勇設营堵剿益臻周密即令京員同順上下往来協同商辦復移咨江南河臣轉飭豐蕭碭三縣一律照辦以資堵截在案至東省運河為漕行要道南粮現雖暫由海

運而小米帮船仍須由運河行走且兩岸堤埝
為生靈保障設有疏虞民命攸關現在河身多
年未挑每歲伏秋汛內山水挾沙下注愈墊愈
高堤岸日形卑矮不得不擇要估修然各項工程
可緩者固必須撙節而應辦者亦不准稍為逾
額以期用省得宜惟臣一時尚未能赴濟履勘

查運河道敬和在任数年熟悉通運機宜辦事
亦小心勤慎當責成該道經理容俟大汎後稍
有餘閒臣仍親往查驗再卷查黃河水勢先據
黃沁廳呈報武陟沁河於四月初七日午時長
水一尺二寸現據陜州呈報萬錦灘黃河於五
月十八日丑時並十九日戌時兩次共長水五

尺八寸大汛瞬届來源漸旺臣日夜兢兢無時敢釋繫念惟有督飭道廳加謹巡防一面嚴催趕集料物以備修守斷不任稍有疎忽務期保衛無虞以期仰副

聖主委任諄諄教誨之至意所有黃運兩河大概情形合先恭摺具陳伏乞

皇上聖鑒再臣現由北岸陳橋移駐南岸下南黑堽

工次緣大汛屆期該處離省甚近設有險工可

以隨時與撫臣瑛棨商辦合併陳明謹

奏

咸豐九年五月二十七日具

奏於六月十四日奉到

硃批知道了欽此

再黃河巡防隄岸稽查渡口原以杜奸細混跡希圖北渡祇因灘面廣遠不得不添派委員分段往來巡查盤詰以期耳目周密上下聲息相通但須常住河干方有寔效 臣到任以來明查暗訪前河 臣先後所派各委員勤慎當差者固多怠惰偷安者亦復不少甚有奉委後到防一

次即仍住省垣漠不關心且聞有該員等家人
差役在彼藉巡查以訛索商旅欺壓鄉愚者是
防河之舉所以衛民而反厲民殊非慎重防河
之本意臣查黃河官渡僅止六處從前委員太
多茲擬每渡口派委四員南北分駐足資稽查
此外南北另委大員四人總分司總巡已為周

容由臣逐一核寔查察分別去留其留防者如
能分班常住河干稽查始終勤慎自當予以奬
勵用昭激勸至始勤終惰不耐勞苦者隨時撤
委另派倘有訛索商旅欺壓鄉愚并勾通船户
堽頭人等作弊者一經察出即行指名嚴叅斷
不稍事姑容如此明定賞罰庶於稽防渡口有

利無弊臣仍督飭開歸河北二道認真辦理以專

責成理合附片陳明是否有當伏祈

訓示施行謹

奏

咸豐九年五月二十七日附

奏於六月十四日奉到

硃批依議欽此

奏為京員學習期滿循例留工補用並因現委勘
辦要事請暫緩引
見恭摺具
奏仰祈
聖鑒事竊照揀發河工學習人員於二年期滿後例

應分別留工補用、兹查刑科給事中宗稷辰、內
閣中書陳繼業、吏部主事同順、於咸豐七年奉
硃筆圈出發往東河差委、於是年四月初二十五並
八月十九等日、先後到工、節經前河臣李　派
赴黃運兩河查工催料、巡防伏秋大汛、於修守
疏築事宜、各該員均能隨處留心學習、認真講

求、上年秋間、又經前河臣
奏明劄委宗稷辰陳繼業前赴東省查勘黃水、經由各州縣、將應築應疏之工、勸諭紳民、次第辦理、以期農田多獲、蠲賑漸稀、並因黃河潴防隄岸全賴節節有人、盤詰、方能不令匪類混跡、劄委同順會同各委員嚴密巡查在案、臣到任後查

察該員等、於地方河岸、往來履勘勸導、尚能實
心實力、不辭勞瘁、除宗稷辰一員、俟扣滿學習
之期、另行具
奏外、其陳繼業同順二員、連閏計算於三月內已
屆二年期滿、前河臣李　因病出缺、未及具
奏、兼署河臣瑛　正擬核奏間、臣已到任、務交前

來、臣接見各該員、復詳加察看、俱堪造就、查內
閣中書陳繼業、現年四十三歲、順天府大興縣
進士、才明心細、辦事勤幹、吏部主事同順、現年
三十五歲、四川成都駐防、滿洲鑲黃旗繙譯進
士、識見高超、安詳明練、均請留工以同知補用、
并查陳繼業一員、現經臣委令會同宗稷辰帶

領武弁、前赴豫直東三省黃水經由地方、查勘
築搶事宜、其同順一員、派在乾河北岸、商辦挑
濠培隄、堵劄搶匪、俱一時未能竣事、不克赴部
引
見、條查上次京員翰林院編修蔣兆鯤等三員、學習
期滿、因派委防河喫緊、認真出力、經前河臣奏

奏蒙
恩准暫緩引
見、今陳繼業同順、事同一律、可否仰懇
天恩、准予暫緩入都、俟補缺後再行併案送部引
見、俾臣得收指臂之助、出自
鴻慈、為此恭摺具

奏、伏乞

皇上聖鑒訓示、謹

奏、

咸豐九年五月二十七日具

奏於六月十四日奉到

硃批另有旨欽此同日隨摺奉

上諭一道咸豐九年六月初六日内閣奉
上諭黃　秦京員學習期滿循例留工補用並請
暫緩引見一摺内閣中書陳繼業吏部主事同順
現屆學習期滿均著留於東河以同知補用該員等
現有委辦事件准其俟補缺時再行送部引見該
部知道欽此

再查河南省城設立蘭工捐輸局原為集資湊
堵口門之需而自奉部議令改用七銀三鈔以
來迄今一載有餘竟無遞呈上兌之人推究其
故蓋(緣)附近各處收捐之数較之蘭工捐局大(貴賤)相
懸殊官生無不避多就少其在局委員人等轉
須籌給薪水因思與其虛糜薪水不如暫行停

上俟捻匪漸就肅清各處捐輸次第
奏停以蘭工有興堵有期再行另議章程
奏請設局收捐方能有益臣為核寔捐事節省浮
費起見理合附片陳
奏是否有當伏乞
訓示祇遵謹

奏咸豐九年五月二十七日附
奏於六月十四日奉到
硃批另有旨欽此同日隨摺奉
上諭一道咸豐九年六月初六日內閣奉
上諭黃　奏請將蘭工捐局暫行停止等語著戶
部查議具奏欽此

再查上年十二月内據署曹單通判劉步青
稟報十一月十五日大股皖捻由北路截回直
撲單縣經兵勇民團奮力擊退該匪遂於十七
日向西南奔竄由單上汛九十等堡大隄南趨
經過村莊焚掠殆盡九堡廠房及所存麻纜柍橛
木雜料並前委任唐簡承辦乙卯年添購用賸

稽三十堡均被該匪燒燬無存等情當經前河
臣批飭該管兖沂道王觀澄查驗去後於本年
三月内據該道稟覆轉委曹河同知調署運河
同知張學宗往驗茲據該同知具稟遵即束裝
前赴曹單廳單上汎九堡但見瓦礫荒堤並無
房屋料物該署廳劉步青所稟係屬寔情並無

揑飾伏念長隄工料雖係廳員分應經管第曹
單一帶切近江皖捻匪肆意分擾防不勝防且
河員專司修工無勇無兵該捻馬步動輒逾萬
所至焚掠殆盡寔難設法堵禦等情臣復加查
察無異除咨明戶工二部存案外理合附片奏
聞伏
謹乞

聖鑒謹
奏
咸豐九年五月二十七日附
奏於六月十四日奉到
硃批知道了欽此

奏為運河工需緊要、請頒寶鈔、以資接濟而重修
防、恭摺具陳、仰祈
聖鑒事、竊查東河黃運四道屬、修防經費、向係取給
於藩庫、自軍興以來、藩庫迫於軍餉、河工應撥
之款、未能隨時給發、節經前河臣

奏准頒發寶鈔湊用、由司搭收錢粮、藉資周轉流
通、以濟工需、其運河搭用寶鈔、自前年經山東
撫臣崇 因銀價驟減、奏准停止、搭收後、即不
能行使、上令兩年、修工經費、仰蒙
聖恩加銀一成、以五銀五鈔給發、業經遵照辦理、惟
五成寶銀、司庫即能按時全撥、而五成寶鈔迄

無銷路、錢同廢紙、以致辦工仍形竭蹶、是以前
河臣李 因東省正項錢粮甫經停止、搭收票
鈔、未便再行更改、酌擬變通章程、
奏請於耗羨及一應襍稅項下、搭收二成、藉資運
用、以期周轉、并另片請頒寶鈔十二萬串、仰蒙
硃批戶部速議具奏片併發欽此、旋奉部議以州縣

買鈔二串抵解銀一兩、祇須錢八九百文、以東
省市價計之、可易制錢一千六七百文、坐獲盈
餘一半、其所獲盈餘、如何扣存充公、原奏未曾
議及、其搭解耗羨襍稅銀兩、亦並未與撫臣會
商奏辦、究於地方有無窒碍、應會同悉心酌核
覆奏、再行核議、又片奏請發寶鈔十二萬串、現

在州縣買鈔抵銀、尚未議定、暫停發給等因各
在案、臣自到任以來、體察運河情形、查南糧現
雖暫由海運、而東省小米帮船、仍須行走運河、
且兩岸隄埝、為生民保障、因河身多年未挑、山
水挾沙下注、愈墊愈高、隄岸即日形卑矮、補偏
救弊、不得不按年擇其要中之要、估辦、茲據運

河道敬和以修守工需緊要具詳、仍請
奏須寶鈔十二萬串、以資接濟前來、臣復查運河
修工經費五成現銀、司庫即能按時全撥、而五
成寶鈔未發、辦工寔形竭蹶、自應准其須發寶
鈔湊用、合無仰懇
天恩、俯念運河工需、現在緊要、

勅部迅速先須寶鈔十二萬串、徑解河南工畓、臣行
館轉發運河道編號分給各廳承領、設法運用、俾要
工不致擱延、而修防可期應手、謹會同山東撫
臣崇恭摺具陳、伏乞
皇上聖鑒訓示、再東省征收耗羨襍稅項下搭收二
成票鈔、因窒碍難行、業經撫臣覆奏在案、合併

聲明謹
奏
咸豐九年六月二十二日會
奏於七月初十日奉到
硃批戶部速議具奏欽此

奏為查明四月分各湖存水尺寸謹繕清单仰祈
聖鑒事竊照嘉慶十九年六月内欽奉
上諭湖水所收尺寸每月查開清单具奏一次等因欽
此所有本年二三兩月湖水尺寸業經臣彚繕
清单具

奏在案茲據運河道敬和將四月分各湖存水尺
寸開揩稟報前來臣查微山湖定誌收水在一
丈四尺以內因豐工漫水灌注量驗湖底積受
新淤恐不敷濟運經前河臣李　會同撫臣崇
奏奉
上諭加收一尺以誌樁存水一丈五尺為度本年三

月分存水九尺四寸四月內消水三寸寔存水九尺一寸較八年四月水小五寸此外南旺蜀山二湖因天時久旱風颷日晒據報乾涸其昭陽等五湖消水自八寸至九寸一分計昭陽湖存水三尺二寸南陽湖存水一尺獨山湖存水三尺四寸馬場湖存水一尺九寸馬踏湖存水二

尺六寸七分以上各湖存水除南旺蜀山二湖業經乾涸無可比較馬場馬踏二湖比上年四月水大一尺及一尺四寸外餘俱較小自九寸至一尺三寸不等查豫東瀕河一帶於五月中下二旬節次得雨間多深透各路山泉旺發滙注入湖現已逐漸增長 臣先經嚴飭運河道督

飭令廳將于通湖各引渠及進水之路分投加挑深通

以備交伏後大雨時行廣籌收蓄務期湖水充

盈斷不任稍有忽悞以仰副

聖主重豬利運之至意所有四月分各湖存水尺寸

謹繕清單恭摺具

奏伏乞

皇上聖鑒謹

奏

謹将咸豐九年四月分各湖存水寔在尺寸逐

一開明恭呈

御覽

運河西岸自南而北四湖水深尺寸

一微山湖以誌樁水深一丈二尺為度先因湖

底淤墊三尺不敷濟運奏明收符定誌在一

丈四尺以内又因豐工漫水灌注量驗湖底
復受新淤二尺七寸奏奉
上諭加收一尺以誌樁存水一丈五尺為度本年三
五月分存水九尺四寸四月内消水三寸寔
存水九尺一寸較八年四月水小五寸
一昭陽湖本年三月分存水四尺一寸四月内

消水九寸寔存水三尺二寸較八年四月水
小一尺三寸
一南陽湖本年三月分存水一尺九寸四月內
消水九寸寔存水一尺較八年四月水小一
尺三寸
一南旺湖本年三月分存水一尺九寸四月內據報

乾涸

運河東岸自南而北四湖水深尺寸

一獨山湖本年三月分存水四尺三寸四月内消水九寸寔存水三尺四寸較八年四月水小九寸

一馬場湖本年三月分存水二尺七寸四月内

消水八寸寔存水一尺九寸較八年四月水
大一尺
一蜀山湖定誌收水一丈一尺為度本年三月
因天時久旱風颺日晒
分存水五尺四月內據報乾涸
一馬踏湖本年三月分存水三尺五寸八分四
月內消水九寸一分寔存水二尺六寸七分

較八年四月水大一尺四寸
咸豐九年六月二十二日具
奏於七月初十日奉到
硃批知道了欽此

再查東省微山蜀山二湖為濟運最要水櫃南粮現雖暫由海運而湖瀦不可不慎前據報蜀山一湖於四月內乾涸雖聲明因天時久旱風颺日晒并湖底愈淺愈窄易於消耗亦何致一月之內消水五尺之多誠恐該管文武汎未能先事預籌設法攔蓄以致虛耗水勢 臣 已將署

鉅嘉主簿柴雍熙運河蜀山湖汎分防應長齡
摘去頂戴先示薄懲一面嚴札運河道確切查
覆如果實因春澤未霑天時亢旱是以致該湖消
涸並無辦理不善當責成其將湖水收足再行
給還頂戴倘竟有虛耗水勢情弊立予撤叅以
示懲儆而重湖瀦斷不稍事姑容理合附片奏

聞謹
奏
咸豐九年六月二十二日附
奏於七月初十日奉到
硃批知道了欽此

夷

再臣昨接
欽差（兵部尚書）臣全慶倉場（侍郎）臣康兆綸來文、以准直隸督臣恒福
咨稱江浙粮米回空船隻、雲集內河、現在夷船
於（停泊）攔江沙一帶、停泊、未便出口、恐日久守候、商
船未免苦累、且難免水手人等滋事、各商經由
內河歸次、以期迅速、水勢能否運送（之處）等因、臣當

查東省關內運河、每年山水挾沙下注、水過沙
停、易(致多)於淤淺、是以歲(每)歲於冬間、
奏請挑空、以利運行、五六年[illegible](來)、司庫錢糧支絀、雖
經勘估具
奏、均未撥銀興挑、以致淤墊、倍(日益)極深厚、且本年春
夏天時亢旱、南路運河、間有乾涸之處、現雖大

雨時行可以通舟而往來船隻尚係繞湖行走

其江浙回空沙船習慣海道且船身寬大恐於淺窄之運河

照粮船尺寸開設之閘門未能施展挽拽倘擁勉強行走

擠於閘河不但進退兩難更慮水手人衆沿途滋事

業經咨覆在案臣因思夷務完竣早晚不定現

在江浙回空沙船尚未能由天津出口誠恐南粮為

必須先時
飭令

天庾正供來春起運九年分新漕、誠恐海運船隻、或
有阻滯、似應預計河運之策、但籌畫經費、挑挖（南漕為天庾正供、關係匪輕）
運河、激成修築縴道、僱用商船大小事務繁重、（極為）
均非一時所能猝辦、且須地方河工及江浙河（倉卒）（理必[illegible]飭令）
漕督撫諸臣、通盤籌畫、未雨綢繆、俾得[illegible]（計議）
有船行無滯、庶有把握而免貽悞、臣（庶免臨渴掘井之慮）
既有所見、（愚昧之）

不得不附片陳明（旁批：是否有隱諱）

奏明伏候

聖諭（訓）指示遵行謹

奏

咸豐九年六月二十二日附

奏於七月初十日奉到

硃批既已咨覆即可由該大臣等酌核辦理沙船回空尚難免滋事重運停來已久況經費太大殊可不必議及欽此

奏為庚伏已屆、水長不時、河防正關緊要、現由黑
堤工次起程、周歷南北兩岸查勘、並督飭道廳
小心修守、恭摺具陳、仰祈
聖鑒事、竊照黃河修防、最重伏秋、長水之遲早、每歲
不同、諸須預為布置、方免臨時周章、前於查核

工程河勢大概情形摺內、將來源長水尺寸陳
奏後續據陝州呈報萬錦灘黃河、於五月二十四
日巳時長水二尺七寸、黃沁廳呈報武陟沁河
於五月二十日丑時並二十三日丑卯辰三時、
四次共長水八尺七寸、當二十三四日沁黃之
水、接續下注、行溜湍激勢若排山、幸黃河底水

因天時久旱、先已落低、長水足資容納、間有刷

蟄埽段、均飭擇要廂修、其有舊埽滙塌補廂者、

亦令慎重盤壓、自二十四日来源報長後、迄今

兩旬有餘、未報續長、惟庚伏已屆、交汛後漲水

必旺、修守巡防、固應周密、料物錢粮、亦須籌備、

查各廳承辦歲稭麻觔、業據先後具報堆齊、由

敕

道核寔驗收其前河臣照案例請添辦防料磚
石雖蒙
聖恩勅部議准而部文仍行令臣照原奏所請之數
再行撙寔酌減茲臣遵照悉心查核并揣度各
廳工程形勢汛期為日甚長備防緊要原請添
辦防料磚石寔不敢再減准有寬備慎用認真

稽核、期無糜悞、況臣於
陛辭之日、面承
聖訓、諭令斷不可因庫儲支絀、致任工料偷減、抵任
以來、謹誌不忘、現仍飭令分別趕緊採購、勒限
全完、報候一併查驗、務期未雨綢繆、毋許以鈔
賤價短爲辭、並將防守大汛章程、及各廳應儲

防險銀兩、布置妥協、即日起程周歷兩岸各廳、
詳察河涵之趨向、確勘工程之緩急、較量堤垻壩
之高卑、分別土性之沙淤、就目前以測將來、除
虛浮而歸撙節、以求上副
聖主重工衛民之至意、再臣到任已將兩月、細揣事
務事宜、料物均儲堤垻、凡遇搶險廂埽、動用錢

粮、在工員弁兵夫、衆目共覩、不能掩藏、至挪支用
数目、俱係該管各道總核刪減、臣祇須稽實心亦督
辦、杜其虛糜、日熟一日、逐漸講求、似覺漸有把握、稍日從後惟有隨時額
懇
[redacted]恩隨時訓誨、提撕警覺、庶幾仰叨加
綸音、啟迪、藉補疏庸、益豁愚昧之心、俾為此恭摺具陳、伏乞

皇上聖鑒謹

奏、

咸豐九年六月二十二日具

奏於七月初十日奉到

硃批覽奏已悉原備防料磚石准其撙節動用有餘

抵作来年防險之用断不准逐漸加增以添辦為

常例欽此

奏為黄水節次增長業已見消兩岸各廳險工搶

廂抛護平穏恭報伏汛安瀾現仍督飭慎防秋

漲繕摺具陳仰祈

聖鑒事竊照庚伏已届河防正關緊要督飭道廳小

心修守緣由臣於六月二十二日具

奏後即由黑堽工次起程溯查而上歷下南中河
上南於滎澤口北渡西至攔黃埝折回順查黃
沁衛粮祥河下北直至蘭陽口門計上游兩岸
有河七廳已閱一週途次節據甘肅甯夏府呈
報黃河水勢於六月二十六日泛漲起至二十
七日陸續共漲水七尺三寸已入硤口誌椿七

字三刻跡河南陝州呈報萬錦灘黄河於六月
十七二十二并二十八及七月初三等日四次
共長水一丈三尺五寸黄沁廳呈報武陟沁河
於六月二十二日寅卯二時並二十三日寅刻
及七月初三日卯時初六日巳時五次共長水
一丈内除甯夏府長水係在萬錦灘上游不計

外兼旬之間来源共長水二丈三尺五寸之多
以致下注較旺溜行湍激各廳舊埽紛紛刷塌
臨黃磚石埽工亦多蟄卸臣督飭道廳晝夜搶
廂抛護務保無虞不准稍遺餘力查兩岸險工
廳廳皆有惟上南廳尤為險要蓋該廳鄭州上
汛頭堡胡家屯順堤舊埽淤閉多年片段較長

本年伏前河勢趨注先經開歸道督廳籌辦料
物備防迨交伏後益形南臥水長則上提水落
則下卸以致各舊埽間多滙塌堤唇亦見刷動
情形十分危險適臣查工行抵胡家屯親勘見
大溜洶湧勢若排山波濤怒激直射堤埽駭目
驚心寔已岌岌可危臣即駐工與開歸道徐繼

鎕分投督令廳委員弁調集兵夫竭力搶辦料
土兼施磚石並進一面措備夫工錢文應用撫
臣藩司亦知工程緊急籌撥錢糧接濟得以次
第廂拋平定臣初歷河防以謂為蘭陽口門以下水
勢去路較暢該上游[illegible]不致出險即在工員弁亦以
為謂雖有要工亦不致奇險忽出此次上南廳胡

家屯出此大險非臣目擊必不肯信可見黃河
涵力猛勁趨向靡常上游修守防護仍關
國計民生斷不可以蘭陽口門未堵稍涉大意而
臣向來胆怯才疎經此險工益深惴惴祇有與
年老員弁悉心講求務得河工底蘊以冀修防
稍有把握臣將上南廳搶工事務布置妥協始

行北渡所有各廳先後報廂之工俱已勘明除
尚未辦竣者另容再核奏外其盤壓穩寔埽段另
片恭呈
御覽現在長水業已見消兩岸工程修守平穩節逾
立秋伏汛安瀾堪以仰慰
聖懷惟秋汛為日正長來源漲水之大小各工埽壩

之平險均难預測籌防倍應慎重開歸道徐繼
鏞河北道張維翰俱在任多年機宜諳練現飭
徐繼鏞駐劄中河工次適中之地上下策應北
岸因蘭陽兩垻褁頭埽段修守緊要令張維翰
駐劄陳橋鎮就近督辦 臣已回抵黑堽工次仍
當兩岸兼顧並委在工 學習之詹事府洗馬伍

忠阿翰林院編修童福承前赴兩岸協防其無
工之處復委候補大小員弁分段任守厥長堤
節節有人巡防周密共保無虞至各廳料物用
已用多存少由道稟請酌量添辦以資備防仍
不准虛糜亦不任一處一時稍有疎忽以期仰
慰

宸廑，為此繕摺具陳，伏乞
皇上聖鑒，再防查各渡口委員葉經，臣遴選派定，飭
令輪流常住河干，不准擅離，臣此次周歷兩岸
順道查察，各委員尚知奮勉，均不避盛暑，（晝夜駐）宿於
河口官棚，合併聲明，謹
奏

咸豐九年七月十三日具

奏於七月二十九日奉到

硃批覽奏已悉欽此

再入伏前後各廳報厢之工除尚未辦竣者另
容核奏外所有勘明盤壓穩寔段落者係南岸下南
河廳祥符上汛二十二堡新四壩上首空檔順
堤埽工五段迤下舊二壩埽工七段皆係上年
緩修底料朽腐河水疊長急溜逼刷先後滙淨
挨段搶補新埽十二段又該廳祥符上汛十一

堡至十五堡舊有防風埽工朽腐無存迤下自三十堡至三十一堡一段工尾止向係無工處所各該工堤根低窪每遇漲水串積風浪撞擊堪虞分别補廂搶廂防風埽工八段共長一千四百九十丈用資捍衛中河廳中牟下汛九堡戧二埧頭二三四埽戧三埧頭埽至七埽順頭埧

頭二三埽均係咸豐七八兩年先後停修因河溜搜刷各舊埽朽底滙塌補還新埽十四段上南河廳鄭州上汛邵家寨頭壩舊有埽工六段内頭二埽均分上下段係道光二十九年停修二壩埽工五段内五埽分上下段係咸豐元年緩修各舊底久已朽腐河溜側注不移陸續滙

畫分投搶辦計補廂埽工十四段北岸黃沁廳
唐郭汛攔黃埝七壩迤下埝根舊埽三段並三
埽下首埽工四段係七八兩年停修順頭壩迤
下空檔埽五段亦係上年緩修之工水長淘遍
各朽底先後刷淨接段補還新埽十二段以上
各工經該管開歸河北二道督飭各廳營搶廂

穩定其餘卑矮埽段亦俱加廂高整辦理均屬
合宜抵禦河湖甚為得力理合附片具陳謹
奏
咸豐九年七月十三日附
奏於七月二十九日奉到
硃批覽欽此

再正在繕摺間續據甘肅甯夏府呈報黃河水
勢於六月三十日未時又漲水二尺八寸連前
共漲水一丈一寸已入硤口誌樁十字一刋跡
河南陝州呈報萬錦灘黃河於七月初九日子
時復長水三尺一寸除飛飭各廳營小心防守
外理合附片奏

聞謹
奏
咸豐九年七月十三日附
奏於七月二十九日奉到
硃批知道了欽此

奏為併案盤查豫省開歸河北兩道河庫錢糧恭
摺奏仰祈
聖鑒事竊照豫東兩省管河四道俱有經管河庫錢
糧總河有稽覈之責到任後例應盤查
奏報又咸豐八年開歸河北二道年終盤庫一案

前河臣李　未及盤查因病出缺經兼署河臣
瑛附片
奏明俟臣到任後併案盤查在案前經飭據開歸
道徐繼鏞河北道張維翰將庫存各款銀兩分
晰造冊詳送前來臣先於五月十一日進省盤
查開歸道庫茲乘履勘各工督防大汛之便於

七月初五日親赴武陟縣河北道庫逐款盤查
開歸道庫應存銀二千一百六十兩六錢四分
五厘五毫河北道庫應存銀十五兩九分四厘
一毫當堂覈對庫簿冊籍均屬相符彈兌平色
亦皆足實並無虧短除東省運河兖沂兩道庫
俟臣霜後稍暇擬赴濟閱伍勘工順道盤查另

行具
奏外所有併案盤查過豫省開歸河北兩道河庫
錢糧緣由理合恭摺具陳伏乞
皇上聖鑒謹
奏
咸豐九年七月十三日具

奏於七月二十九日奉到

硃批知道了欽此

奏為黃河工需緊要循照酌減之數請添秋汛防
險銀兩以資接濟而重修守恭摺具
奏仰祈
聖鑒事竊照嘉慶二十一年陞任河南撫臣方受疇
奏奉

上
諭豫省河工每年於藩庫地丁內撥銀三十萬兩以
為搶險之用仍照向例備儲備其臨時添撥銀兩若
於具奏後給領寔恐緩不濟急嗣後如遇歲定搶險銀三
十萬兩將次用完着該河督察看情形應須添撥若
干會同該撫核明一面具奏一面行司提取備用俟
霜後如有餘存仍奏明歸還原款核寔報銷等因欽

此欽遵在案嗣後每逢伏秋大汛歷任河臣奏
請添撥銀三十萬兩迨道光十一年以後酌減
銀數每年請添撥銀二十五萬兩咸豐三四兩年
因經費支絀又經前河臣再減銀五萬兩請添
撥銀二十萬兩仰蒙
敕部議准上數年秋汛因下游各廳工程停辦復經

前河臣李　酌緩銀十萬兩減請銀十萬兩均
蒙
恩准各在案伏念黄河修守當伏秋大汛水長工險
之時全賴料物錢粮應手方能搶護無虞而秋
汛為日甚長較之伏汛尤關緊要本年交伏前
後沁黄來源節次報長各廳險工疊出晝夜分
疊

按極力廂拋始克次第平穩料物磚石因之用
多存少且秋漲大小難測既慮舊埽復多滙塌
又恐新埽水勢淘深均應隨時相機擇要廂護
正襍料物必須赶緊添辦庶有備可以無患所
有司庫例撥防險銀款業經陸續支發其秋撥
銀兩值此度支不易極應酌量節減惟前河臣

己酌緩銀十萬兩每年僅請銀十萬兩按各廳
較之從前成案減去三分之二
工程形勢實難再減況現在黃河夫欵係照鈔
七銀三核發較之從前全撥現銀者大相懸殊
辦工時虞短絀應請仍照上數年酌減之數添
撥秋汛防險銀十萬兩俾資修守而重河防合理
無籲仰懇

天恩俯念工需緊要如數准添撥濟而以免[illegible]限時缺之

恭候

命下臣即行司按照三成現銀七成實鈔撥交開歸

河北二道撙節支放　臣當認真核實稽查不任

虛糜浮冒仍俟霜降後查明各廳用賸稭[illegible]合

銀劃還司庫並將先後撥過銀兩及伏秋汛內

朵

搶辦各工用銀總数詳慎勾稽彚案
奏報所有循照酌減之数請添秋汛防險銀兩以
資接濟緣由謹會同河南撫臣瑛　恭摺具
奏伏乞
皇上聖鑒訓示謹
奏

咸豐九年七月十三日具
奏於七月二十九日奉到
硃批該部速議具奏欽此

再查東河修防經費前数年因司庫支絀撥款
艱難賴有捐輸之項湊用自上年經户部議令
東河捐輸須按七銀三鈔上兑較之從前票五
鈔三銀二並鈔八銀二之数大相懸殊以致無
人報捐本年二月内前河臣李　因工需緊要
專摺

奏請東河捐輸仍照支款開歸河北二道按三銀
七鈔上兑運河道按五銀五鈔上兑原収原發
以裨經費而重修防恭奉
硃批軍機大臣戶部會議具奏欽此旋奉議駁行令
欽遵前奉
諭旨嗣後各該道収捐照新章銀七鈔三辦理以歸

核實等因適臣蒙
恩補授河東河道總督詢知河工修防經費若無地捐
欵湊用益形竭蹶惟汎捐現銀成數較多各官
生勢必裹足不前擬俟到任後變通章程籲懇
皇上恩施格外曾於請
訓時面奏並於

陛辭之日仰荷
聖主垂念工需拮据
諭令臣到任後酌量成分再爲
奏請
允許加恩聞
命之下感激

鴻慈曷其有極兹臣到任已將三月詳察通工情形
並博採衆論始知河南省城現以餉票収捐捐
生購買餉票上兑較之三銀七鈔尚可節省各
捐生孰肯舍少就多自必願捐軍餉不願捐輸
河工經費是東河捐輸即使
奏蒙

恩准撥三成現銀七成寶鈔上兌亦恐無人報捐臣
再四思維修防錢粮短絀司庫既未能依時撥
發且欠撥應支之款為數尚多又無捐輸以資接濟
五中焦灼殊深莫可言宣因與撫臣瑛 及司道等
熟商惟有設法抬高鈔價暫時敷衍辦理俟軍
務漸平省城收捐餉票價值漸昂核與河工捐

輸銀鈔成數不相上下再行另議章程奏請
訓示遵行臣仍當督飭各道廳廣為招徠或有按新
章樂輸者亦未可知斷不敢以既已奏明在先即行
停止為此附片陳明
奏伏乞
聖鑒謹

奏

咸豐九年七月十三日附

奏於七月二十九日奉到

硃批户部知道欽此

奏為節逾處暑黃水續漲已消兩岸險要工程廂
修穩定秋汛尚長現仍督飭小心防守恭摺具
奏仰祈
聖鑒事竊照伏汛安瀾各廳險工搶辦平穩情形臣
於七月十三日陳

奏
後因上南廳邵家寨胡家屯一帶河溜上提下
却不獨舊埽灘塌應補新埽水勢刷深亦須加
廂中河廳中牟下汛十二三堡自立秋後溜忽
南卧訣處土性純沙塌灘灘埧甚速亟應分別
擇要拋護磚石搶廂埽段用資捍禦下南廳黑
堽工亦有塌埽補廂臣親督開歸道徐繼鏞及

各廳營並汛委員弁分投樽節辦理其北岸黃沁廳攔黃埝衛粮廳封邱汛東西圈埝祥河廳十五六堡下北廳祥陳頭堡及西埧裹頭亦復有稟報著險應行厢埽拋石之處 臣 未能分身前往飛飭河北道張維翰就近督辦既不任拘泥貽悞亦不准藉工靡費總期用省得當力保

無虞續據陝州呈報萬錦灘黃河於七月十八
日午時並十九日巳刻兩次共長水六尺黃沁
廳呈報武陟沁河亦於十八日未申二時長水
四尺九寸二十日酉時長水一尺五寸同時下
注兼之瀕河各處驟雨連朝上游通黃各河之
之水莫不滙歸大河以致各廳積長水四五六

尺不等加以狂風徹夜淄借風力益形湍激各
工倍為吃重幸料物錢粮預先酌量籌添員弁
兵夫齊集工次得以一律搶廂保護穩定所有
先後廂辦驗明已竣之工係南岸上南河廳鄭
州上汛頭堡胡家屯順堤頭埽至九埽內八埽
分上下段俱係道光三十年停修底料早已朽腐

大溜湧急搜刷淨盡潰及堤身赶即補還新埽十段中河廳中牟下汛九堡托頭壩迤上北戧五六七八埽托頭壩頭二兩埽托三壩頭二三埽魚鱗壩頭二三埽均係上年緩修之工舊底擱朽溜注滙淨補廂新埽十二段下南河廳祥符上汛二十一堡新頭壩埽工二段係七年停

修誂埧上首空檔順堤護埽三段下首空檔順
堤護埽四段均係八年緩修水長溜逼朽底先
後滙塌搶補新埽九段北岸衛粮廳封邱汎西
圈埝第九段下首起土埧前六埽以下埽工七
段又七埽下首埽工三段均係上年停修之工
河水節長大溜逼注腐底滙淨桵段補還新埽

十段祥河廳祥符上汛十五堡迤上空檔埽八段入字埧埽工七段係咸豐七八兩年緩修底料朽腐伏汛前後水長溜注先後刷浄照段補還下北河廳祥符下汛頭堡挑水三埧下首空檔埽五段又蘭陽汛三堡西埧上首土埧基頭埽至六埽均係緩修舊工河溜趨逼陸續滙盡

補還新埽十一段以上各工經該管開歸河北
二道督飭各廳營搶廂穩寔其餘卑矮埽段亦
俱加廂高整抵禦汛漲甚為得力現在大河水
勢雖已（日漸）見消而秋汛尚長来源無定臣仍當督
率各道廳分投小心防守凡有應廂應拋埽石
工程非寔在緊要者不准修辦可省即省以期

無悞無糜仰副
聖主慎工重帑保衛民生之至意為此恭摺具
奏伏乞
皇上聖鑒謹
奏
咸豐九年七月二十九日具

奏於八月十九日奉到

硃批知道了欽此

奏為運河捕上下五廳土石堤工埽壩亟應擇要
估修以資捍禦汛漲而衛民廬恭摺具
奏仰祈
聖鑒事竊照東省運河兩岸各工不但攸關漕運湖
潴攸關且須賴以捍禦伏秋汛漲保衛民田廬舍至

為緊要遇有残塌損壞應行估修祗因片段過
長錢粮支絀每年向擇要中之要請辦期無適
額兹查運河廳属濟甯州汎運河東西兩岸堤
工為船行往来縴挽要道先經豊工漫水倒漾
浸泡數年之久嗣又歷經伏秋汎内汶泗諸河
山水節次漲發下注河坡連成一片風浪撞激

致將各工衝刷無存跌成坑塘寔屬險要堪虞
亟應赶緊修築完整以資利緯而衛民田先擇
最要應修之東岸濟字二十九號起至四十二
號止共工十四段湊長一千五百九十丈連填
坑塘估需土方銀一萬一千二百六十兩零又
該廳續估濟甯州汛運河西岸險要應修之濟

字四十一號至四十六號堤工六段湊長九百
九丈連填坑塘估需土方銀一萬六百五十二
兩零又該廳鉅嘉汎蜀山湖一區為北路最要
水櫃嘉字二十六號馮家垻臨運裡石堤工一
段多年未修歷經汎水盛漲湖河夾刷以致樁
款石塌後戗衝失殆盡臨湖原抛碎石坦坡亦

滾

已塌卸亟應簽釘長樁徹底拆修並於臨湖一面拋砌碎石坦坡加築土戧以蓄湖瀦而資衛護除逐用舊石外估需例帮價銀一萬一千五百二十一兩零又該廳東平州汎汶河西岸玲瓏亂石滾水等壩共長一百二十六丈八尺係攔遏汶水下達運河為濟運最要關鍵查北首

玲瓏垻原長四十五丈五尺除南首長十丈六尺並中間長三丈九尺尚属完整外所有北首垻身長三十一丈並漫坡跌水自咸豐三年拆修之後歷經汶水暴漲奔騰下注撞擊衝掀樁朽石陷坍塌不堪亟應赶緊拆修完整以資遏汶濟運除遂用舊石外連築圈垻估需例帮價

銀九千八百四十七兩零洳河廳屬嶧滕二汛運河西岸微山湖堤界於內河外湖之中前經豐工黃水下注浸泡漫沒加以連年湖河漲水激射摟淘以致河面海漫蟄塌碎石坍卸茲查嶧字九號內除咸豐七年補修過海漫間段長二百七十五丈尚屬完整外其餘間段長一百

六十七丈及滕字一號間段長二百四十丈河
面海漫蟄塌四六七路不等碎石均皆坍卸亟
應照舊補修完整始於湖瀦有裨除逐用舊石
外估需例帮價銀八千九百七十六兩零又該
廳微山湖東邊毘連運河单堤一道水勢兩面
夹刷極形吃重全賴湖面碎石坦坡抵禦無虞

因被歷年汛漲風浪撞激搜淘以致間段蟄塌
殘壞不堪若普律添拋整齊工費過鉅應擇緊
字石工三號七號內最要工二段湊長六百五
丈添拋碎石三成用資抵禦估需例幫價銀六
千九百九十七兩零捕河上河二廳屬各汛堤
工坐當運河北路歷經伏秋汛內漲水汕刷風

雨刷削易於残缺無之黃水串運北漾急溜撞
擊以致堤身益形卑薄危險異常祇因片段延
長必須分年擇要幫培以資捍衛茲查捕河廳
應修東平等汎隄身窄狹盛漲時與水相平者
計工八段湊長八百八十五丈連填坑塘估需
土方銀七千一百二十兩零又該廳續估應修

東平壽東陽穀等汛残缺官堤六段湊長一千
丈連填坑塘估需土方銀六千七百六十六兩
零上河廳聊城堂博清平三汛運河兩岸間段
應修残缺官堤九段湊長一千三百七丈連填
坑塘估需土方銀六千一百八十八兩零又該
廳續估聊堂二汛應修單薄險要隄工七段湊

長一千三百六十八丈連填坑塘估需土方銀
五千八百五十兩零又上河廳臨清汛衛河西
岸三里莊八里圈埽壩二段下河廳夏津汛衛
河東岸半壁店西岸舊龍口武城汛東岸南關
頭武城西北角甲馬營汛東岸甲馬營街後守
禦埽壩五段均自咸豐五年拆廂之後歷經汛

漲浸泡汕刷搜淘致將朽腐舊埽蟄塌難資攔
禦亟應照舊分別拆廂完整寔與運道民生兩
有裨益連節省八束估需工料銀四千六百二
十八兩零以上十一案共銀八萬九千七百餘
兩據運河道敬和督飭勘減估計分案詳請具
奏前來經前河臣李　並臣先後逐加覈核俱屬

急應修辦刻不可緩之工所估銀數亦已切寔
刪減無浮業經批准飭修並因各工均關捍禦
汛漲保堤衛民不敢拘泥或由道庫籌項給發
或由廳挪措湊墊於伏汛前後次第興辦復查
現當錢粮支絀運河修工原應可省即省 臣 雖
尚未親勘而詳加諮詢知自豐工蘭工兩次漫

水灌注浸泡以致衝塌土石堤岸埽垻閘座不一而足每遇雨後山水長發下注運河險要情形畢露南粮雖仍海運而保衛民田廬舍亦關緊要且東省漕船湏由運河行走目前固难普律大修而補偏救弊不得不按年擇要估辦況現估銀數較之定額十萬兩已節省銀一萬餘兩

八

核較上年准辦銀數亦有減無增合無仰懇
天恩俯念工關緊要准於司庫照數迅速撥交運河
道庫分別歸款找發臣當嚴飭該道督令各廳
認真如式修築尅日全完如有辦理遲延草率
偷減情弊立即嚴參着賠斷不稍事姑容統俟
工竣驗收後核繕清単恭呈

御覽所有請修運河各廳土石堤工埽壩緣由理合

恭摺具

奏伏乞

皇上聖鑒訓示謹

奏

咸豐九年七月二十九日具

奏於八月十九日奉到
硃批該部速議具奏欽此

奏為查明五月分各湖存水尺寸謹繕清單恭摺

仰祈

聖鑒事竊照嘉慶十九年六月内欽奉

上諭湖水所收尺寸每月查開清單具奏一次等因欽

此所有四月分湖水尺寸業經臣繕單具

奏在案茲據運河道敬和將五月分各湖存水尺
寸開摺稟報前來 臣 查微山湖定誌收水在一
丈四尺以內前因豐工漫水灌注量驗湖底積受
新淤恐不敷濟運經前河臣李 會同山東撫
臣 崇 奏奉
上諭加收一尺以誌椿存水一丈五尺為度本年四

月分存水九尺一寸五月內長水二寸寔存水九尺三寸較八年五月水大五寸此外昭陽南陽獨山三湖均水無消長仍與四月相同其馬踏一湖消水一尺一寸五分南旺馬場蜀山三湖長水二寸三分及三寸並一寸四分計昭陽湖存水三尺二寸南陽湖存水一尺南旺湖存

水二寸三分獨山湖存水三尺四寸馬場湖存
水二尺二寸蜀山湖存水一寸四分馬踏湖存
水一尺五寸二分以上各湖存水除南旺一湖
上年五月乾涸現在無可比較馬場馬踏二湖
較上年五月水大一尺一寸七分及八寸五分
外餘俱較小自八寸至五尺一寸八分不等查

瀕河一帶交伏以後大雨時行蜀山等湖水勢
已逐漸增長臣仍當嚴飭道廳將進水之路及
各引渠趕緊分別疏浚加挑深通設法收蓄務
期各湖存水充盈不任稍有怠忽以仰副
聖主重瀦利運之至意所有五月分各湖存水尺寸
謹繕清单恭摺具

奏伏乞
皇上聖鑒謹
奏
咸豐九年七月二十九日具
奏於八月十九日奉到
硃批知道了欽此

謹將咸豐九年五月分各湖存水實在尺寸逐
一開明恭呈
御覽
運河西岸自南而北四湖水深尺寸
一微山湖以誌樁水深一丈二尺為度先因湖
底淤墊三尺不敷濟運奏明收符定誌在一

大四尺以内又因豐工漫水灌注量驗湖底
復受新淤二尺七寸奏奉
上諭加收一尺以誌樁存水一丈五尺為度本年四
月分存水九尺一寸五月内長水二寸實存
水九尺三寸較八年五月水大五寸
一昭陽湖本年四月分存水三尺二寸五月内

水無消長仍存水三尺二寸較八年五月水小一尺二寸

一南陽湖本年四月分存水一尺五月內水無消長仍存水一尺較八年五月水小一尺二寸

一南旺湖本年四月分乾涸無存五月內長水

二寸三分實存水二寸三分較八年五月據
報乾涸無可比較理合註明
運河東岸自南而北四湖水深尺寸
一獨山湖本年四月分存水三尺四寸五月內
水無消長仍存水三尺四寸較八年五月水小
八寸

一馬場湖本年四月分存水一尺九寸五月内
長水三寸實存水二尺二寸較八年五月水
大一尺一寸七分

一蜀山湖定誌收水一丈一尺為度本年四月
分乾涸無存五月内長水一寸四分實存水
一寸四分較八年五月水小五尺一寸八分

一馬踏湖本年四月分存水二尺六寸七分五
月內消水一尺一寸五分實存水一尺五寸
二分較八年五月水大八寸五分

奏為中河廳險工搶辦平定白露雖過溜力尚勁
現仍督飭實力修守務保安恬恭摺具陳仰祈
聖鑒事竊照節逾處暑黃水續漲兩岸險工廂修平
穩緣由臣於七月二十九日具
奏在案其時中河廳中牟下汛十二堡河勢仍形

逼注因該處本無埽石工程對岸灘嘴挺峙立
秋後日淤日寬復添新灘以致河身過窄大溜
南卧一時不能外移兼之土性純沙易於淘底
着河各垻廂埽則隨廂隨蟄拋石則屢拋屢卸
并有後滙垻身之處情形危急異常 臣 初歷河
防適遇奇險時凛冰兢幸数月来隨處講求廣

諮博採修守稍有把握且現署中河通判高元
莊中河協備曹映科素諳修防工程明練復調
署下南同知徐思穆下南協備朱惠彩帶兵前
往輪班分投搶廂拋護於本工採購料石又撥
運上下隣廳稭料磚石得以應手 臣與開歸道
徐繼鏞駐工督辦指示機宜竭十一晝夜之力

始克保護無虞在工文武各員弁莫不面目黧
黑神形憔悴尤可異者當埽未廂定時連日蟄
塌通工危駭忽戧堤壩所抛石築上現出蜿蜒一
物長不盈尺鱗甲燦爛次日埽前又現與前小
異最後又有一形如蝎虎長尺許四足五爪忽
躍忽跳者工人俱識為

河神化形均於當時用盤敬盛送至廟內供奉旋
俱變化無踪據河壖老兵皆稱
河神顯佑險工定保乂安衆志歡騰從事益力埽
遂廂穩現在大局已臻平定惟新廂埽段新拋
磚石水勢刷深仍須追廂加拋用資抵禦徐繼
鏞本駐中河廳工次防汛臣折回黑堽後即責

成該道督飭廳營節慎辦理務期毋誤毋糜其 悞
餘各廳工程亦廂拋穩實所有續報補廂已竣
舊工勘明南岸上南河廳鄭州上汛頭堡胡家
屯順堤十五埽至二十四埽係道光三十年停
修急溜搜淘朽底刷盡潰及堤唇情形險要次
第搶補新埽十段北岸黃沁廳唐郭汛攔黃埝

三塤埽工三段武陟汛馬工挑水埧尾空檔埽
迤上埽工六段均係咸豐七八兩年緩修底料
朽腐交秋後水長溜逼先後滙淨按段補還辦
理俱屬合宜此外各廳埽工飭令可緩即緩非
至緊至要段落不准再行廂辦以歸撙節臣思
白霜（露）雖過溜力尚勁且汛期尚有四十餘日来

源難保不長秋濤迅利淘底搜根修守仍関緊

要現復督飭各道廳照常梭織巡防實力妥慎

經理務保安恬以期仰慰

宸廑為此恭摺具陳伏乞

皇上聖鑒謹

奏

咸豐九年八月十六日具
奏於九月初七日奉到
硃批覽奏已悉欽此

奏為查明六月分各湖存水尺寸謹繕清単仰祈
聖鑒事竊照嘉慶十九年六月内欽奉
上諭湖水所收尺寸每月查開清単具奏一次等因欽
此所有五月分湖水尺寸業經臣繕単
奏報在案茲據運河道敬和將六月分各湖存水

尺寸開摺具稟前來臣查微山湖定誌收水在
一丈四尺以內因豐工漫水灌注量驗湖底積
受新淤恐不敷濟運經前河臣李　會同撫臣
崇　奏奉
上諭加收一尺以誌樁存水一丈五尺為度本年五
月分存水九尺三寸六月內長水二寸實存水

九尺五寸較上年六月水大七寸此外昭陽等七湖長水自三寸八分至一尺四寸計昭陽湖存水三尺八寸南陽湖存水一尺六寸南旺湖存水一尺二寸五分獨山湖存水四尺馬塲湖存水三尺六寸蜀山湖存水五寸二分馬踏湖存水二尺一寸四分以上各湖存水除馬塲一

湖較上年六月水大二尺三寸七分外餘俱較
小自四寸八分至五尺六寸五分不等查微山
蜀山二湖為東省最要水櫃南路微山湖因曹單
金鄉等處支河各來源前為豐工漫水淤墊現
在僅恃十字河囊沙引渠進水湖面較寬以致
收水見長無多至北路蜀山湖復飭廳縣將進

水最利之楊家河並永泰永安等各引渠加挑
深通七月内該湖收水極暢其餘各湖水勢亦
俱源源增益現仍大雨時行臣當再飭道廳赶
緊收蓄以備應用不任稍有怠忽以仰副
聖主慎重湖瀦之至意所有六月分各湖存水尺寸
謹繕清单恭摺具

奏伏乞

皇上聖鑒謹

奏

咸豐九年八月十六日具

奏於九月初七日奉到

硃批知道了欽此

謹将咸豐九年六月分各湖存水實在尺寸逐
一開明恭呈
御覽
運河西岸自南而北四湖水深尺寸
一微山湖以誌椿水深一丈二尺為度先因湖
底淤墊三尺不敷濟運奏明收符定誌在一

丈四尺以內又因豐工漫水灌注量驗湖底
復受新淤二尺七寸奏奉
上諭加收一尺以誌樁存水一丈五尺為度本年五
月分存水九尺三寸六月內長水二寸實存
水九尺五寸較八年六月水大七寸
一昭陽湖本年五月分存水三尺二寸六月內

長水六寸實存水三尺八寸較八年六月水
小六寸
一南陽湖本年五月分存水一尺六月內長水
六寸實存水一尺六寸較八年六月水小六
寸
一南旺湖本年五月分存水二寸三分六月內

長水一尺二分實存水一尺二寸五分較八
年六月水小四寸八分
運河東岸自南而北四湖水深尺寸
一獨山湖本年五月分存水三尺四寸六月內
長水六寸實存水四尺較八年六月水小五
寸

一馬場湖本年五月分存水二尺二寸六月內長水一尺四寸實存水三尺六寸較八年六月水大二尺三寸七分

一蜀山湖定誌收水一丈一尺為度本年五月分存水一寸四分六月內長水三寸八分實存水五寸二分較八年六月水小五尺六寸

五分

一馬踏湖本年五月分存水一尺五寸二分六

月内長水六寸二分實存水二尺一寸四分

較八年六月水小九寸六分

再本年揀發東河學習翰林院編修童福承於
三月初五日到工先令前往運河會同道廳講
求疏濬挑築収水催儹事宜業經前河臣李

附片

奏明在案嗣於伏前經臣劉委該員馳赴黃河協
防大汛茲據該員童福承呈稱奉委防汛遵於

六月十三日由濟赴工兩月以來周歷黃河上
游南北兩岸往來巡防近因途次覆車折損左
臂筋骨療治無效深恐病軀悮公念祖(原)籍浙江
有專治此症名醫可望治愈請給假兩月回籍
就醫計程計日十月初旬即可銷假當差等情
前來臣查察屬寔應(當)准其給假兩月飭令依限

回工不許逗遛該員已於八月十三日起程赴
浙復查揀發河工學習人員於二年期滿後例
應分別留工補用現在翰林院編修童福承因
覆車折　於八月十二日起程赴浙
臂疾請假醫治應俟回工後除去離工日期扣
滿學習二年是否可以留工再行照例察看具
奏以昭核實理合一併附片陳明伏乞

聖鑒謹

奏

咸豐九年八月十六日附

奏於九月初七日奉到

硃批知道了欽此

奏為河水盛漲已消中河廳復出奇險搶辦漸臻
平定節逾秋分現仍督飭慎防恭摺具陳仰祈
聖鑒事竊照白露雖過溜力尚勁實力修守緣由臣
於八月十六日具
奏在案伏查黄河水性就灣溜趋靡定有此工生

而彼工開者有險工正在搶辦溜忽外移即可
停修者有無工之處大溜趋注猝然生險者其
長水遲速亦每歲不同是以伏秋汛内無論有
工無工處所全賴節節有人巡防隨時相機籌
備中河廳中牟下汛十二堡於處暑節後新生
險工暂令道廳調集員弁兵夫搶辦平稳情形

臣
於白露摺內詳晰附陳後以為來源可期不
長乃據陝州呈報萬錦灘黃河於八月二十日
申時並二十二日酉時兩次共長水六尺四寸
黃沁廳呈報武陟沁河於十九二十等日兩次
共長水二尺九寸加以陰雨接連四晝夜凡通黃各
河之水莫不滙流下注以致各廳水勢盛漲水

助溜力[而]倍形湍激奔騰[澎]湃浪若排山[驟]兩岸臨（溜趁水勢而彌覺汪洋）
黃新舊埽段雖多[有]刷蟄俱係尋常廂修惟中河
廳奇險復出[我至疎虞]緣該廳十二堡對崖灘嘴愈長愈
寬河身過窄逼溜南卧兼之土性純沙以致埽
埧紛紛蟄塌二十四日卯刻正在廂埽搶護大
溜突然下卸將十三堡上截先築之盖頭二埧

刷去立時潰塌堤身寬四丈餘尺長至八十餘丈僅存堤頂二三四尺岌岌可危臣與道廳心胆俱裂在工員弁兵夫人人驚惶失色該工為省城上游保障所関非細仰賴

皇上福庇

河神默佑片刻之間溜仍上提得以搶帮南戧以

資後靠其十二堡各垻檔雖亦有涯塌堤身之處
幸先調集各營備弁兵丁分投搶廂埽段趕抛
碎石保護惟購料廂工以及夫工運脚等項每
日所需深虞錢粮不能跟接撫臣瑛　向維持全
局一聞險信即面商藩司祥裕趕撥銀錢接濟一面
由臣諄諭道廳多方挪措湊用以期無悞仍於

慎重要工之中可省即省不任藉糜現雖漸臻
平定工作一時尚難停止惟當嚴飭妥辦務保
無虞所有前此中河廳續報廂辦之工 臣 順道
勘驗係中牟下汛九堡順頭埧四五六埽咸豐
六年停修十堡上段順堤頭埽至七埽八年緩
修底料均已朽腐溜注滙淨補還新埽十段追

壓穩寔得資抵禦此外各廳俱係加廂之工不
准再行報案其磚石工程亦令停拋由道確量
丈尺核計方數俟具稟到日臣再覆核彙
奏日來盛漲之水雖已遞消而汛期尚有一月臣
現仍督飭各道廳及營委員弁勤慎巡防小心
修守力保安瀾以期仰副

聖主安益求安之至意為此恭摺具陳伏乞

皇上聖鑒謹

奏

咸豐九年九月初一日具

奏於九月十九日奉到

硃批知道了欽此

奏為咸豐八年分運河奏咨各案工程委係寔工
寔用未能刪減仍請照原案銀數估銷恭摺具
陳仰祈
聖鑒事竊照本年四月內接准工部咨查明東南兩
河咸豐八年另案工程動用銀數遵

旨彙奏事案內以運河各工因南粮仍歸海運所有
挑工前經奏明停止其餘工程自必較少今就
單開東省奏咨各案均比上三年增多行令據
寔刪減專摺覈奏不得以無可刪減濫行登覈
以重度支而昭核寔等因當經轉飭遵照去後
茲據運河道敬和詳稱所管河道共長一千一百

二十餘里湖河土石提垻等工非関蓄水濟運
即係保衛田廬均極緊要遇有坍塌損壞必須
随時估修每年應辦之工不可枚舉祗緣奏辦工
程錢粮歲有定額僅擇要中之最要刻不可緩
者方敢估計請辦雖南粮現歸海運而小米帮
船以及差貢銅鉛鹽貨各項船隻無不往来經

行裕
國便民皆屬要務況近年黃流挾沙穿運南北灌
注倒漾水面因之抬高而冬挑工程又復停辦
淤墊日益深厚若不將堤岸隨時修整其各項
石工並山泉等河亦任其殘壞淤塞則田舍悉
成澤國既無以衛民河道勢必斷流更無以利

運設此後南漕仍由河運挑築並舉既恐赶辦不及而所費轉多是補偏救弊不能不按年擇要估修所有八年分運泇捕上四廳奏辦各工先經再四覈減至無可再減始行轉請飭辦計八案共銀八萬九千餘兩已於上年大汛內陸續如式赶辦完竣報明在案嗣因泇河廳屬微山

湖存水短絀於朱姬莊迤南堵築攔河大垻俾
運河南注之水全納入湖以資瀦蓄估需工料
土方銀一千三百餘兩照例彙入奏案清単比
較是以銀数比上届稍多其各廳咨案亦因工
關緊要随估随辦於上年一律如式完竣核計
銀数較之上三年所多無幾委係寔工寔用並

無絲毫浮靡未能再行刪減請照原案銀數
題估報銷等情前來查運河殘塌各工 臣雖尚未
親勘而數月以來詳加諮詢博採衆論其險要
應修之處寔屬不少均關保堤衛民蓄水利濟
祇△因每年奏咨各案銀數俱有範圍是以未敢
多估有逾定額若再減成則不敷辦理況運河

道敬和辦事向來尚屬認真非至緊至要者必不敢
稟請飭修所有咸豐八年分運河奏咨各案俱
係奉准已竣之工既據該道分晰具詳難以刪
減應請准其照原案銀數估銷嗣後應辦工程
臣仍當嚴飭道廳可省即省能緩且緩斷不任稍
有虛糜以期核寔撙節為此恭摺具陳伏乞

皇上聖鑒敕部存核施行謹
奏
咸豐九年九月初一日具
奏於九月十九日奉到
硃批該部核實議奏欽此

再揀發河工學習人員於二年期滿後例應分
別留工補用咸豐七年奉
硃筆圈出發往東河差委各員除內閣中書陳繼業
吏部主事同順先於本年三月內學習期滿經
臣出考留工以同知補用並因委辦要事請暫
緩入都俟補缺後再行併案送部引

見仰蒙
恩准在案玆查刑科給事中宗稷辰於七年八月十
九日到工經前河臣李　及臣先後劄委前赴
黃運兩河查催工料巡防大汛并節次委赴東
省查勘黃水經由各州縣將應築應疏之工勸
諭紳民赶緊辦理以期農田多獲蠲賑漸稀該

員不獨於河工修守桃築各事留心學習而於
地方事宜尤能隨處認真講求洞悉民情扣至
八月内已届二年期滿 臣復查宗稷辰現年六
十四歲浙江舉人才識明敏辦事稳練由内閣
中書洊升給事中應請留工以道員補用現在
該員奉委勸諭東境各州縣紳民築埝攔黃要

務尚未竣事可否仰懇
天恩准予暫緩入都俟補缺後併案送部引
見俾得一手經理出自
慈施為此附片具
奏伏乞
聖鑒訓示謹

奏
咸豐九年九月初一日附
奏於九月十九日奉到
硃批著照所請欽此

奏為查明七月分各湖存水尺寸謹繕清単恭摺
仰祈
聖鑒事竊照嘉慶十九年六月内欽奉
上諭湖水所收尺寸每月查開清単具奏一次等因欽
此所有六月分湖水尺寸業經臣繕単具

奏在案兹據運河道敬和將七月分各湖存水尺寸開摺稟報前來臣查微山湖定誌收水在一丈四尺以內因豐工漫水灌注量驗湖底積受新淤恐不敷濟運經前河臣李鈞會同前撫臣

崇恩奏奉

上諭加收一尺以誌樁存水一丈五尺為度本年六

月分存水九尺五寸七月内長水一尺三寸實
存水一丈八寸較上年七月水大一尺六寸此
外昭陽等七湖長水自二寸至五尺五寸八分
計昭陽湖存水四尺七寸南陽湖存水三尺二
寸南旺湖存水三尺五寸五分獨山湖存水五
尺五寸馬場湖存水三尺八寸蜀山湖存水六

尺一寸馬踏湖存水四尺七寸七分以上各湖
存水除蜀山一湖比上年七月水小七分外餘
俱較大自六寸至二尺五寸不等查入伏以來
澍雨疊沛各路山泉坡河以及汶泗諸河之水
同時漲發滙注入湖其微山湖囊沙引渠復又
挑深是以七月內收水極暢現雖時已深秋而

陰雨連朝來源尚旺 臣 仍當督飭道廳廣為收
蓄務期湖水充盈俾濟漕運務如以仰副
聖主重瀦利漕之至意所有七月分各湖存水尺寸
謹繕清单恭摺具
奏伏乞
皇上聖鑒謹

奏
咸豐九年九月初一日具
奏於九月十九日奉到
硃批知道了欽此

謹将咸豐九年七月分各湖存水實在尺寸逐
一開明恭呈
御覽
運河西岸自南而北四湖水深尺寸
一微山湖以誌樁水深一丈二尺為度先因湖
底淤墊三尺不敷濟運奏明收符定誌在一

丈四尺以内又因豐工漫水灌注量驗湖底
復受新淤二尺七寸奏奉
上諭加收一尺以誌樁存水一丈五尺為度本年六
月分存水九尺五寸七月内長水一尺三寸
寔存水一丈八寸較八年七月水大一尺六
寸

一昭陽湖本年六月分存水三尺八寸七月內長水九寸寔存水四尺七寸較八年七月水大六寸

一南陽湖本年六月分存水一尺六寸七月內長水一尺六寸寔存水三尺二寸較八年七月水大一尺三寸

一南旺湖本年六月分存水一尺二寸五分七
月内長水二尺三寸寔存水三尺五寸五分
較八年七月水大一尺二寸四分
運河東岸自南而北四湖水深尺寸
一獨山湖本年六月分存水四尺七月内長水
一尺五寸寔存水五尺五寸較八年七月水

大一尺二寸
一馬塲湖本年六月分存水三尺六寸七月内
長水二寸寔存水三尺八寸較八年七月水
大二尺五寸
一蜀山湖定誌收水一丈一尺為度本年六月
分存水五寸二分七月内長水五尺五寸八

分寔存水六尺一寸較八年七月水小七分

一馬踏湖本年六月分存水二尺一寸四分七

月内長水二尺六寸三分寔存水四尺七寸

七分較八年七月水大一尺四寸二分

再查咸豐五年蘭陽漫溢之水分股滙注張秋
穿運歸入大清河由利津口入海當水患猝至
河身不能容納大清河火隆口白龍灣等處均
（半係吳廷棟認真籌辦）
有衝刷鈌口經長清縣知縣王元相堵築火隆
口防守堅固惠民縣知縣凌壽栢堵築白龍灣
四年來均無水患並挑濬徒駭河八十餘里境

內一律疏通未曾動用官帑齊東縣知縣蘇名
顯保護縣城並勸築民埝建築閘壩俱臻妥善
前任利津縣知縣宋煒圖現任利津縣知縣王
煒
亮釆先後搶護土石各壩充保縣城雖均極為
惟該縣等各相保衛
出力寔賴山東藩司吳廷棟督辦認真調度有
方始能工堅患息保衛田廬現在齊東縣北門

外尚須加抛磚石惠民縣白龍灣須添小土埝
估築磚石梁利津縣南門外擬估磚石壩用資
抵禦仍責成各該縣辦理統俟工竣當檄飭藩
司確查辦過各工是否該縣等自出己資抑係
勸諭紳富捐資奏用
奏請獎勵由司議詳到日再行會同山東撫臣核

辦合先附片陳明謹伏祈

皇上訓示遵行謹

奏

咸豐九年九月初一日附

奏

此片留中

奏為寒露節屆各工廂護平穩現在預籌來歲修
守事宜恭摺具陳仰祈
聖鑒事竊照中河廳復出奇險搶辦漸臻平定節逾
秋分仍督飭慎防緣由臣於九月初一日具
奏在案其時該處工作尚難停止臣仍駐工督辦

惟現購料物廂工料戶莫不居奇抬價非發現
錢不肯運料上堤人夫非厚給錢文不願力作
以及補還大堤估帮後戧購辦備防稭石添購
襍料用項甚繁俱係刻不可緩而司庫應撥之
欵一時未能寬發道廳挪墊力竭正在一籌莫
展之際接准撫 臣瑛 來咨亦因中河工程險

要司庫支絀恐致貽悞業經
奏請在於粮道庫存漕項内提銀二萬兩觧工作
為司中應撥之款以應急需得將土埽磚石各
工分投搶辦穩定轉危為安通工慶幸同深其
中河廳新廂之工係中牟下汛十二堡戧埧前
廂埽三段托頭埧廂埽三段托二埧廂埽二段

托頭壩上下首空檔順堤各廂護埽二段共搶廂埽工十二段一律高整往後新埽或秫稭發扁或水勢刷深即飭動用購存備防料物加廂不准再請添辦其餘兩岸各工亦俱廂護平穩至本年伏秋汛內各廳抛辦磚石工程或舊有壩垛被溜刷蟄加抛或須接長抵禦或埽段屢

廂屢墊應用石抛護埽根以及無工之處恐多
添新埽滋費酌抛磚石垻垛挑護臣往來履勘
辦理尚皆如式於停抛後即飭該管各道驗明
工段確量丈尺按原辦數目以現存磚石核計
動用方数絲毫未能浮冒茲據具稟前來謹另
片恭呈

御覽復念河防修守全賴未雨綢繆現在節近霜清
可保安瀾而來歲事宜應即預為籌備以購辦
歲儲估計增培堤工為當務之急除土工能否
擇要大加估修須俟來春察核司庫收支錢粮
情形再與撫 臣及藩司熟商外至購辦歲稭冬
令與來春價值大相懸殊蓋民間秋穫後凡納

課及衣食所需莫不以稭麻運至工次出售藉資利用各廳若不
及時收購窮民難以等待勢必先行賣作燒炟之具迨春
間採辦料愈少而價愈貴以兩梁之價不足辦
一梁之料及前人定章歲儲必須於年內堆齊
者良有故也近年因霜後司庫應撥之款未能
寬發道庫早空各廳無力措墊以致遲至次年

春夏之間方能辦竣其中折耗較多工需不無
踴躞來年歲料麻觔臣擬親赴省城與撫臣瑛
藩司祥裕面商設法通融成總撥發料價分
別給各廳於十月內即設廠採購勒限早竣可
以期撙節而裨修防如籌發款項後各該廳仍
不上緊購辦或藉詞遲延臣必立予從嚴參懲斷不敢稍事姑容以重

工儲而歸核實至本年統用銀数現督開歸河
北二道詳慎勾稽切實駁減另容分別繕具清
單彙
奏所有寒露節届各 工廂護平穩及撥預籌明年料價緣由理合恭摺
具陳伏乞
皇上聖鑒謹

奏
咸豐九年九月十八日具
奏於十月初三日奉到
硃批覽奏均悉欽此

再豫省黃河上游兩岸各廳本年拋辦磚石工
程飭據該管開歸河北二道驗明具稟前來臣
覆核屬實係上南河廳鄭州上汛頭堡胡家屯
順堤頭埽上首拋築磚垛二道第一道牽長三
丈四尺第二道牽長二丈八尺中河廳中牟下
汛十堡順水二壩前加拋磚壩一道長六丈黃

沁廳唐郭汛攔黄埝三道順埧下首第四道順
埧頭加拋磚埧一道長六丈四尺衛糧廳封邱
汛西圏埝第七段下首順頭埧接拋磚埧一道
長十丈五尺祥河廳祥符汛十六堡第二道挑
埧上首加拋磚埧一道新舊共長十四丈四尺
下北河廳祥符下汛頭堡挑水四埧上角加拋

磚柴一道牽長四丈二尺以上每道用磚自二
百餘方至六百六十餘方不等又上南河廳鄭
州上汛頭堡胡家屯順堤頭埽上首第一道磚
柴外抛護碎石一段第二道磚柴外抛護碎石
一段十五埽前抛護碎石一段中河廳中牟下
汛十堡順水三垻前磚垻外加抛碎石一段十

堡下段順堤埽上首磚垛外加拋碎石一段十
一堡上段順堤埽下首磚垛外加拋碎石一段
下南河廳祥符上汛十七堡月埝北面土壩基
前第六道磚挑壩外加拋碎石一段十九堡蓋
壩新四埽下跨角下首磚挑壩外加拋碎石一
段黃沁廳唐郭汛欄黃埝磚七壩下首頭道順

埧頭並西面加抛碎石一段衛粮廳封邱汛西
圏埝順二埧下首空檔土埧頭之磚埧頭並西
面抛護碎石一段祥河廳祥符汛十六堡第三
道挑埧二三兩埽中間加抛碎石一段下北河
廳祥符下汛頭堡挑水五埧上首加抛石埧一
段並蘭陽汛三堡西埧上首加抛石垜一段以

上每段用石自二百餘方至一千五百五十餘
方不等辦理均屬合宜葢護埽壩每遇水長溜
注足資抵禦除飭將丈尺銀数造具細冊詳送
到日另行核繕清单彙
奏外合先附片陳明伏乞
聖鑒謹

奏

咸豐九年九月十八日附

奏於十月初三日奉到

硃批知道了欽此

奏為豫省黃河上游各廳辦過已未年土工驗收
如式謹核準銀数恭摺具
奏仰祈
聖鑒事竊照黃河修守攸關
國計民生至為重大當伏秋汛内水長工險之時

雖以廂埽抛一

獨攔禦盛漲上游各廳辦過已未年土工驗收

依是增培土銀数恭摺具

計長一千餘

擇要估辦每修守攸關

萬兩不等均重大當伏秋汛內水長工險之時

何處幫築俟白露後再将各廳做過工段銀数
分晰具
奏而司庫既未能專撥辦理土工之銀道庫又無
項可以籌墊所辦者係臨黄萬分緊要之工挪東
補西興築用銀無多其上游有河各廳堤垻久
未增培卑矮残缺之處不一而足 臣 周歷兩岸

目擊瞎險應修工段不少即如本年中河廳十
二三堡無工處所河勢忽然趨注猝生巨險該
處堤頂僅寬五丈十三堡上截突被大溜潰存
二三四尺此係堤身単薄之明証亦係連年不能撥款估修所致若再因循後
患何堪設想但辦理土工之銀專恃司庫撥發
能否擇要大加估修容俟來春察看司庫情形

再與撫臣及藩司熟商務將修辦要工與度支
錢粮兼籌並計以期兩無貽悮所有已未年土
工除北岸各廳未辦外其南岸上南中河下南
三廳做過工段據開歸道徐繼鏞驗收如式稟
請具
奏前來臣復加確核或大堤隨坦加帮或添築壩

戧或舊埧及順河土埝加帮加高共工五段連填窪形挖取土遠近每方給例價銀一錢九分二厘及二錢一分六厘其隔水遶遠選淤倍極艱難者每方津貼銀八分四厘及一錢三分四厘共用例價銀三千六百五十二兩零津貼銀六百四十四兩零統共例津二價銀四千二百

九十餘兩俱係核實價辦並無浮冒查驗亦無
草率偷減情弊除由司將墊辦土工方價撥還
道庫湊發工需并飭道赶造工段丈尺銀数印
冊呈候彙繕清単外為此恭摺具
奏伏乞
皇上聖鑒勅部存核施行謹

奏

咸豐九年九月十八日具

奏於十月初三日奉到

硃批知道了欽此

再東河候補人員分派各道屬當差理應常川
在工聽候差遣并學習巡防修守事宜補缺後
可圖上進即因資斧不繼請假設措或差赴上
下游查探水勢軍情非由道發札即禀請臣衙
門發委俱須存有案據以便查考若任意去來
即係擅離工次臣前於到任三月後查有候補

縣丞李同書吳雲鶴二員未來稟見當經行據
河北道詳稱候補縣丞李同書久未在工並無
請假措資差委案據候補縣丞吳雲鶴於上年
霜後並不請假擅自遠出不知何往已屬不成
政體迨 臣 行查原籍去後迄今又將兩月各該
員仍不回工玩視已極若不予以叅懲何以肅

官常而資整頓據河北道張維翰見當經行據
應　未在工並無
奏請將東河候補縣丞李同書吳雲鶴於上年
以昭炯戒為此附片具陳伏乞　往已屬不成
聖鑒謹　將兩月各該
奏　叅延何以肅

咸豐九年九月十八日附

奏於十月初三日奉

硃批另有旨欽此

咸豐九年十二月初三日准
吏部咨内閣抄出咸豐九年九月二十五日奉
上諭黄　奏河員擅離工次等語東河候補縣丞
李同書吳雲鶴並未請假擅自遠離經該河督行
查原籍仍未回工實屬玩誤李同書吳雲鶴均著
即行革職以肅官常該部知道欽此

奏為循照酌減数目請撥豫省司庫銀兩採辦來
年歲料以重工儲而資修守恭摺具
奏仰祈
聖鑒事案查工部議奏豫省黄河兩岸應需辦料銀
兩先於乾隆十年

題准每年撥發額征河銀三萬六千餘兩分給開
歸河北二道預辦歲料此後南北兩岸歲料銀
兩如出原題八萬五千餘兩之外應令該督等
據實
奏明撥發等因奉
旨依議欽此欽遵在案其山東兗沂道庫每年額征河

銀一萬五千兩為發辦料物之用嗣因逐年添
有新生工段需料較多河銀不敷支用循照豫
旨之例
奏撥山東藩庫銀三萬兩歷年遵辦在案伏念河
工修防保堤衛民關係至重料物為廂埽禦水
根本料足方能工堅有備庶可無患是以額辦

歲儲為最要急務必須乘時採購查豫省南岸
開歸道屬七廳例請辦料銀七萬兩北岸河北
道屬五廳例請辦料銀三萬五千兩東省兗沂
道屬曹河曹單二廳例請辦料銀三萬兩現在
下游兩岸七廳工雖停辦而上游有河六廳及
下北廳之祥陳汛並蘭工裹頭臨黃埽壩處處

鱗次櫛比廂修繁重且本年險工疊出甚至中
河廳巨險頻仍危在呼吸幸搶堵廂及時克保平穩而來年修
防歲料亟應趁此新料登場之後先行撥銀發
辦若按目前各工險要情形必得寬為購備惟度
支不易錢粮亦須計及未敢多請茲 臣 與開歸道
徐繼鏞河北道張維翰悉心酌核豫省上游兩

岸各廳應辦來年歲料稭麻除分撥荒缺等項
外循照歷届酌减数目開歸道請撥銀四萬兩
河北道請撥銀二萬五千兩以資支發其不足
之数仍照向章俟司庫應發找撥不敷之款分
次撥還道庫由道陸續湊墊至現請之銀臣當
移咨撫臣並行藩司按照三銀七鈔赶緊如数

撥交各該道轉發各廳設廠分投採辦嚴飭堆
垛務須堅實丈尺尤應豐足勒限辦齊先由道
驗收報候 臣 挨廳覆驗倘採辦遲延或有虛鬆
短少情弊立予參賠不敢稍事姑容以重工儲
而資修守所有循照酌減數目請撥採辦來年
歲料銀兩緣由謹會同河南撫 臣 瑛 恭摺具

奏伏乞

皇上聖鑒再東省兖沂道屬黄河工程停修毋庸撥

銀辦料合併聲明謹

奏

咸豐九年九月十八日具

奏於十月初三日奉到

硃批該部知道欽此

再查東河總河管轄黃運兩河工程修守巡防
同閱緊要其河標中左右城守四營將備兵丁
弓馬技藝亦歸河臣校閱甄別是以歷來河臣
每歲赴豫駐防伏秋大汛霜降安瀾後即回濟
督辦運河事務並校閱營伍自咸豐三年粵逆
此後應常到雲治
竄擾豫境以後加以皖省捻匪肆擾防守黃河

各渡口緊要前河臣長　李　均遵

旨長駐豫中督防其運河應辦各工責成運河道經

理河標馬步兵丁隨時嚴飭四營將領操演但

時逾六載久未考驗甄別其中難免無技藝生

疎因循戀棧狥情容隱情弊且濟甯為北省藩

籬省城保障上冬皖捻竄近州城雖經　兵勇擊

退現仍時有窺伺之意東境邊防已蒙
恩添派馬隊協同本省官兵練勇堵禦而濟甯一帶
須賴河標將備兵馬巡緝防堵必須騎射優嫻
技藝精熟方能得力現查皖捻現無出巢之信
豫境設防嚴密黄河各渡口經 臣另立告示章
程分派委員輪流長住河干稽防晝夜無間番委員極為

認真並有總巡道府往来查察該管開歸河北
二道督防亦極慎重（暫时可以放心）霜降安瀾後黄河無緊要
之事臣擬於十月内親赴濟甯校閱營伍認真
甄别将前河臣奏緩之
軍政閲伍二案補行辦理並順勘運河工程情形
且南粮設歸河運籌辦稍有把握又可盤查運

河兖沂二道庫錢粮以重度支約計往返不過
月餘事竣仍來黄河工次駐防以期兩有裨益
臣為慎重操防及運河工程起見理合附片
奏請是否有當伏乞
訓示祇遵謹
奏

咸豐九年九月十八日附
奏於十月初三日奉到
硃批著照所奏行欽此

再查黃河每當伏秋大汛水長工險之時在工
人員晝夜搶辦下臨不測深淵非勇敢有為能
耐勞苦者不能一氣呵成保護無虞若始勤終
惰稍涉鬆緩則前功盡棄所關非輕是以昔人
以河工比之軍營每歲霜降安瀾後例得擇其
尤為出力者保

奏請奬近年上游兩岸有河各廳雖修守𢌞防搶
辦險工保堤衛民仍関緊要祇因蘭工未堵不
敢循例按年請保前河臣李　於上年霜降安
瀾摺内曽附片陳明請將防河防汎得力各員
存記俟來年再行察看核辦恭奉
上諭李　奏節交霜降豫東上游黄河各工廂修平

穩一摺本年豫東黃河來源水勢甚旺雖下游各
工因蘭陽漫口停辦而上游險工疊出經該管各
員相机搶護並經該河督親歷詳勘修護廵防現
在節交霜降上游各河悉臻平穩覽奏實深寅感
著發去大藏香十炷交李　虔詣
河神廟代朕敬謹祀謝用答

神麻所有在工出力人員著該河督存記俟來年
察看擇其始終勤奮者秉公酌保數員候朕施恩
毋許冒濫欽此欽遵在案本年長水較旺自伏祖
秋兩岸屢出險工或本管員弁自行廂辦或調
集上下廳營協同搶護當塌埧潰隄時情形危
廹全賴同力合作臣駐工督辦隨時宣布

皇仁許以獎勵是以人人勇往爭先中河廳兩次巨
險得保無虞現已霜降安瀾似未便沒其微勞
至防河委員已歷兩載經臣另立章程後該員
等搭蓋蓆棚長住河干盤詰奸宄無間風雨寒
暑較從前尤為勤奮所有出力人員除前河臣
李　存記外臣仍謹遵上年

諭旨隨時察訪存記實屬辛勞倍著可否併案擇其
尤為出力者分別酌保以昭激勸之處出自
皇上逾格鴻慈理合附片
奏請伏乞
聖鑒訓示謹
奏

咸豐九年九月二十九日附

奏於十月初八日奉到

硃批另有旨欽此

咸豐九年十月二十日准

吏部咨内閣抄出奉

上諭一道咸豐九年十月初四日奉

上諭黄　奏節交霜降上游黄河各工廂修平稳

一摺本年豫東黄河來源水勢甚旺上游險工迭

出白露後水復盛漲經在事各員相机搶護並經

該河督親歷詳勘修護巡防現在節交霜降上游
各河悉臻平穩覽奏寔深寅感著發去大藏香十
炷交黄　虔詣
河神廟代朕敬謹祀謝用答
神庥所有上游有工處所防汛出力人員前經諭
令李　存記迄今又閱一年並防河出力始終不

懈者著該河督擇尤酌保數員毋許冒濫欽此

奏為遵
旨查明防汎防河尤為出力人員秉公併案酌保恭
摺奏祈
聖鑒事竊 臣 接准吏部咨恭奉
上諭黃 奏節交霜降上游黃河各工鑲修平穩一

摺本年豫東黄河來源水勢甚旺上游險工疊出
白露後水復盛漲經在事各員相機搶護並經該
河督親歷詳勘修護巡防現在節交霜降上游各
河悉臻平穩覽奏實深寅感著發去大藏香十炷
交黄　　虔詣
河神廟代朕敬謹祀謝用答

神庥所有上游有工處所防汛出力人員前經諭
令李存記迄今又閱一年並防河出力始終不
懈者著該河督擇尤酌保數員毋許冒濫欽此跪
讀之下仰見
聖主策勵臣工微勞必録欽感同深伏查河員修守
分所應為即沿河知府州縣例應協防其各渡

口稽防人員一經派委責無旁貸何敢仰乞

慈施惆念防汛防河關

國計民生本年長水較旺兩岸七廳險工疊出甚

至中河廳中牟下汛十二三堡兩出奇險搶廂

修護直過霜清每遇險工猝生之時塌壩潰堤

安危繫於呼吸在工文武員弁或督飭廂埽或

監抛磚石或搶辦土工或催運料物全賴羣策
羣力相助當廂工喫緊之處必須晝夜趕辦一
為理且
氣呵成勢難停手而人之精力有限每歷十數
日櫛風沐雨連宵達旦奔走河干
夜未眠豈無倦時若一經鬆懈則前功盡棄所
關非細　臣　因事情重大每以上年
恩旨宣布許以奬勵是以莫不鼓勇争先得將各處

要工一律保護無虞其中實有異常出力并上
年存記本年始終勤奮者自應量予奬叙以昭
激勸至黄河各渡口派員稽防原以盤詰奸宄
力杜匪類混跡北渡窺視虛實自 臣 明定章程
後各該員長住河干蓆棚晝夜稽查盛暑既不 [搭蓋蓆棚 岸] [日]
敢擅離深秋亦不避風雨當九月杪捻匪竄擾

泓

蘭儀考城一帶切近河口先經 臣 飛飭沿河各
州縣及各委員將渡船全行押赴北岸停泊其
下駛之舟並商民船隻或靠北崖或拋錨停於 [均令暫行拋錨]
中泓南岸不准片板留存以免逆捻搶船偷渡
各該員均能實力遵辦并協同地方官帶勇分
布河崖賊馬至河見無船可渡防守嚴密即行 [屢經]

退回而往來差使以及文報不能不通該員等
每日眼同過渡傍晚仍將船隻駛泊北岸實屬
辛勤倍著總巡道府往來督辦亦極認真且多
上年原派之員已當差歷兩載俱未便沒其微勞惟
存記之人不少 臣 何敢見好屬員稍涉冒濫謹
擇其尤為出力深知灼見者分別繕具名单恭

呈
御覽較之上兩次
欽差王履謙及前河臣李　所保防河出力人數有
減無增仰懇
天恩准予獎勵俾通工觀感奮興臣亦藉可收指臂之助以勵圖
悚策後效
洵於防汎防河兩有裨益再管河各道霜降安

瀾後向應附請議叙查開歸道徐繼鏞熟諳修
防辦事穩練督搶中河廳兩次奇險籌畫錢粮
今年
書親駐堤岸有三月之久風雨露處堤岸穩固
購辦料物調度有方用能化險為平河北道張
歷練
維翰精明温厚辦事實心北岸凡有險工不動
聲色督辦悉臻平穩可否均交部議叙之處出
自

聖裁所有遵
旨查明防汎防河尤為出力人員理合[illegible]併案保
[illegible]繕清單恭呈
奏伏乞
皇上聖鑒訓示謹
奏
咸豐九年十月二十四日具

奏於十一月十三日奉到

硃批另有旨欽此

咸豐九年十一月十八日准

吏部咨内閣抄出咸豐九年十一月初三日奉

上諭黄　奏遵保防汛防河出力人員一摺本年

東河黄河上游各工搶護平穩在工文武員弁並

防河出力及上年存記各員均屬著有微勞自應

量予鼓勵河南開歸道徐繼鏞河北道張維翰均

著交部議敘即選道懷慶府知府高應元著留於
東河遇有道員缺出請旨補用上南同知德鈞著
以河南知府用同知松秀著賞加知府銜先儘通
判朱珩著俟補缺後以同知儘先升用候補通直判
筠著歸先儘班前補用知縣孔廣電著賞加同知
銜祥符縣丞韓叔埩陽封縣丞董惠貽均著開缺

以知縣留於河南歸候補功前先用署祥河都司楊
輔廷著賞加遊擊銜候補道張錫麟候補知府劉
拱宸均著歸候補班前先用候選道張秀三著遇
有河南道員缺出儘先選用仍補交指省銀兩東
河候補知府胡嘉楷著俟補缺後以道員用前山
西沁州直隸州知州李德均著俟補缺後以知府

用先換頂戴即補同知陳丙昌著俟補缺後以知
府歸河南地方補用先換頂戴署下南河同知徐
思穆補用同知彭鳳高均著賞換花翎河南試用
直隸州知州汪厚基俟補同知蕭厚均均著歸候
補班前補用東河候補同知張鵬著俟補缺後以
知府用試用同知孫長壽著歸本班儘先補用補

用同知鄭修爵候補同知鈞韶均著賞加知府銜
候補通判馬英俊張錫齡著賞加運同銜同知周
廣樾等四員均著賞戴藍翎先儘通判袁汝霖著
歸先儘班前先用補用通判王建衡著俟補缺後
以河南直隸州升用先換頂戴河南試用知縣閔
榮午徐壽燊均著歸候補班前補用候補知縣沈

樹棠著俟補缺後以直隸州升用先換頂戴大挑
知縣徐彬著歸候補班前補用試用通判趙書雲
著歸先儘班前即補候選布政司經歷張貢南著
俟服闋後以布政司經歷留於河南歸候補班前
補用六品軍功武生邵化南著賞加五品銜該部
知道单二件併發欽此

謹將防汛尤為出力人員繕具清單恭呈

御覽

遇缺即選道懷慶府知府高應元老成穩練辦

事實心協防黃沁兩河工程已歷多汛勤勞

較著查懷慶係東河專河知府該員熟悉河

防擬請留於東河遇有道員缺出請

旨補用

知府銜上南河同知德鈞搶辦險工悉合機宜

連年保護安恬擬請以河南知府用

先儘班前同知松秀

同知銜先儘通判朱珩

提舉銜候補通判查筠

以上三員巡防河岸不避風雨寒暑幫同搶

辦險工能耐勞苦倍著辛勤松秀擬請加知府

半琳擬請補缺後以同知用俟先升用

銜查鈞擬請歸先儘班前補用

試用大挑知縣孔廣電往來河干巡查不辭勞

瘁擬請加同知銜

祥符縣丞韓叔塤

陽封縣丞董惠貽

以上二員在任多年每經汛漲晝夜巡防歷
久勿懈凡遇鑲工催料催土極為認真平日
亦留心吏治因擬請開缺以知縣留於河南
歸候補班前先用
都
司用署祥河都司楊輔廷熟諳修防辦事老
練每遇水長稽飭弁兵鑲護埽段用着工堅

擬請加遊擊銜

用

河協備曹映科辦工勇往本年該廳屢出奇

險晝夜搶鑲均能保護無虞擬請遇有都司

缺出儘先升用先換頂戴

謹将防河尤為出力始終不懈人員繕具清單

恭呈

御覽

河南候補道張錫麟

河南候補知府劉拱宸

以上二員均擬請歸候補班前先用

奏留防河候選道張秀三擬請遇有河南道員缺

出儘先選用仍補交指省銀兩

道銜東河候補知府胡嘉楷擬請補缺後以道

員用

留豫差委山西沁州直隸州州知州李德均擬請補缺

後以知府用先換頂戴

東河儘先即補同知陳丙昌擬請補授後以知
府歸河南地方補用先換頂戴
藍翎運同銜直隸州用署下南河同知徐恩穆
藍翎補用同知後以知府補用丁憂奏留前署新野
縣知縣彭鳳高
以上二員因擬請

賞換花翎

河南試用直隸州知州汪厚基

河南候補同知蕭厚均

以上二員均擬請各歸候補班前補用

東河候補同知張鵬擬請補缺後以知府用

東河試用同知孫長燾擬請本班儘先補用

東河先儘班前補用同知鄭修爵
東河候補同知鈞韶
以上二員擬請加知府銜
提舉銜候補通判馬英俊
升銜候補通判張錫齡
以上二員均擬請加運同銜

知府銜丁憂留防東河分缺先用同知周廣樾

運同銜署中河通判高元莊

東河先儘[分缺先用]通判胡鎔庚

五品銜候補州同汪廷煇

以上四員均擬請

賞戴藍翎

東河先儘通判袁汝霖擬請歸先儘班前先用
東河先儘班前補用通判王建衡擬請補缺後
以河南直隸州州用先換頂戴
河南試用知縣閔榮午
河南試用知縣徐壽彛
以上二員均擬請歸候補班前補用

河南候補知縣沈樹棠擬請補缺後以直隸州
用先換頂戴
河南試用大挑知縣徐彬擬請歸候補本班前補用
提舉銜東河試用通判趙書雲擬請歸先儘班
前即補
奏留差委丁憂候選藩經歷前歸德府經歷張貢南

請俟服闋後以藩經歷留於河南歸候補班
前補用
藍翎六品軍功黑堤工帶勇防河汲縣武生邵
化南請加五品銜

再欽奉
須到大藏香十炷臣謙吉親詣下南工次
河神廟爇陳
聖敬用申報謝之誠並經分賫河南開歸河北二道
曁山東運河道各赴本工
河神廟潔虔祀謝以答

神庥理合敬謹附片奏

聞謹

奏

咸豐九年十月二十四日附

奏於十一月十三日奉到

硃批知道了欽此

奏為中河廳中牟下汛十二三堡險工攸關全局
來歲修守料物錢粮必須寬為籌備以保無虞
恭摺瀝陳仰祈
聖鑒事竊照中河廳十二三堡無工之處入秋後河
勢趨注對岸挺生灘嘴逼溜南卧以致塌埧潰

堤兩出奇險先後督飭搶辦廂拋埽石工程調
集員弁兵夫竭力保護各情形均經臣隨時具
奏在案其時錢糧短絀深恐貽悞所關非細而藩
司陸續籌撥之款不能濟急因搜羅罄淨一無可
籌之款經撫臣瑛　附片奏蒙
恩准在於粮道庫存漕項內提銀二萬兩觧工作為

司中應撥之欵以濟急需而搶工日久用項較
繁復由司續發撥欵得以購料廂辦捍禦無虞
惟該工片段甚長除中牟下汛十二堡戧壩托
頭二壩並托頭壩上下首空擋順堤新廂埽段
前於寒露摺內附陳外其上首各壩及十三堡
上截埽堤處所均係用稭摟護暫資攔禦而土

性過於沙鬆着淄即滙水勢逐漸刷深此廂彼
埶迄今工作方能暫停現已節逾立冬水消淄
軟各埽廂壓穩寔可（雖已穩）以無虞但念該工為豫東
皖北三省生靈所繫若不預籌來歲修守之計
寛籌料物儲備錢粮寔力保護則大汛經臨來
源旺而水力勁奔騰溯湃冲刷甚易誠恐該廳

工程未有把握仍滋他患況現皖捻未靖出没靡
常時有窺伺北省之意現在河水由蘭陽口門
繞北東注大清河歸海逆捻北竄究有黃流可
阻若中河一有事端則全河南趨北路乾涸該
逆北犯路路可通無黃水天險可守安得如許
兵勇處處設防其患更有不堪設想者且料物

料物若不寬購設當工作吃緊之際適遇逆捻
出巢之時賣料居民紛紛遷徙即令錢糧有備
而料車不來亦必至一籌莫展坐視潰塌昨逆
捻竄擾睢陳蘭杞正值該工購料搶廂而連日
風鶴頻驚逆氛逼近並無一料上堤此其明証
查豫省財賦近年歸陳二府所屬爲賊蹂躪

緩較多所恃者河北三府及西南各州縣征解
如省城以上完善之區再為黃流漫淹則賦無
所出餉從何撥並須另籌撫卹之資所費更有
不可數計者臣受
恩深重當此時事艱難自應權其輕重通盤策畫若
緣經費支絀因循緘默不早籌備南岸再有疏虞卽

將臣治以應得之咎全局已不可問是以日夜焦思於
中河廳工段不能恝［片刻］置必得未雨綢繆竭力維
持以臻平穩計惟於來歲修守料物額辦之外
酌量寬備并須於年內赶辦庶價值相宜如遲
至來春採購則兩稭之價不足辦一稭之料仍
恐有名無實臣前於寒露摺內業已詳晰

奏明但年前辦料之資及欠撥之項雖係例發而
司庫度支拮据往往因撥款繁多羅掘一空縱
目擊工程險要亦無可如何不能兼顧臣興撫
臣瑛
藩司祥裕悉心籌議二臣酌分緩急除
軍餉係刻不可緩之需仍隨時籌撥外其餘之
款稍可從緩者於年內及明春先行湊發河工

要需並於撥發額辦料價等項之外將司庫欠撥
開歸道庫實銀內寬撥二三萬兩專辦中河廳
正雜料物庋儲備稍寬險工可保無虞此係司
中應撥之款並非另請錢糧而一轉移間工料
得以提前赶辦免致明年大汛臨事周章糜費更多
洵於修防節省兩有裨益臣為力持全局起見

理合恭摺瀝陳伏乞
皇上聖鑒謹
奏
咸豐九年十月二十四日具
奏於十一月十三日奉到
硃批該部速議具奏欽此

奏為查明八月分各湖存水尺寸謹繕清单仰祈
聖鑒事窃照嘉慶十九年六月内欽奉
上諭湖水所収尺寸每月查開清单具奏一次等因欽
此所有七月分湖水尺寸業經 臣 繕单具
奏在案兹據運河道敬和將八月分各湖存水尺

寸開摺稟報前來臣查微山湖定誌收水在一
丈四尺以内因豐工漫水灌注量驗湖底積受
新淤恐不敷濟運經前河臣李　會同前撫臣
崇　奏奉
上諭加收一尺以誌樁存水一丈五尺為度本年七
月分存水一丈八寸八月内長水一尺二寸實

存水一丈二尺較上年八月水大二尺六寸此外昭陽等七湖長水自一寸至一尺七寸計昭陽湖存水五尺二寸南陽湖存水三尺八寸南旺湖存水五尺二寸二分獨山湖存水六尺一寸馬場湖存水三尺九寸蜀山湖存水七尺八寸馬踏湖存水五尺一寸二分以上各湖存水

除蜀山一湖比上年八月水小三寸外餘俱較大自七寸至二尺六寸不等查本年秋雨渥霑來源較旺是以各湖所收之水大於上年其蜀山微山二湖存水雖未符誌而蜀山湖俟冬春煞垻後尚可收納全汶之水至微山湖並無冬水可收 臣惟有飭令道廳將各单閘嚴板攔蓄

不任虛耗務期湖水充足存備應用斷不令稍
有怠忽以仰副
聖主重瀦衛民之至意所有八月分各湖存水尺寸
謹繕清單恭摺具
奏伏乞
皇上聖鑒謹

奏
咸豐九年十月二十四日具
奏於十一月十三日奉到
硃批知道了欽此

謹將咸豐九年八月分各湖存水實在尺寸逐

一開明恭呈

御覽

運河西岸自南而北四湖水深尺寸

一微山湖以誌樁水深一丈二尺為度先因湖

底淤墊三尺不敷濟運奏明收符定誌在一

丈四尺以内又因豐工漫水灌注量驗湖底
復受新淤二尺七寸奏奉
上諭加收一尺以誌樁存水一丈五尺為度本年七
月分存水一丈八寸八月内長水一尺二寸
實存水一丈二尺較八年八月水大二尺六
寸

一昭陽湖本年七月分存水四尺七寸八月內
長水五寸實存水五尺二寸較八年八月水
大七寸

一南陽湖本年七月分存水三尺二寸八月內
長水六寸實存水三尺八寸較八年八月水
大一尺五寸

一南旺湖本年七月分存水三尺五寸五分八月内
長水一尺六寸七分實存水五尺二寸二分
較八年八月水大二尺三寸二分
運河東岸自南而北四湖水深尺寸
一獨山湖本年七月分存水五尺五寸八月内
長水六寸實存水六尺一寸較八年八月水

大一尺四寸

一馬場湖本年七月分存水三尺八寸八月內長水一寸實存水三尺九寸較八年八月水大二尺六寸

一蜀山湖定誌收水一丈一尺為度本年七月分存水六尺一寸八月內長水一尺七寸實

存水七尺八寸較八年八月水小三寸

一馬踏湖本年七月分存水四尺七寸七分八
月內長水三寸五分實存水五尺一寸二分
較八年八月水大七寸六分

奏為校閱河標官兵技藝現仍督飭認真訓練以
肅營伍而重捹防恭摺具陳仰祈
聖鑒事竊照
國家養兵原所以衛民全賴平時認真捹演咸成
勁旅方能禦侮得力查東河所轄各營除黃運

兩河修防官兵專習椿埽向不考驗弓馬外其
河標中左右城守四營額設副將叅將遊擊各
一員都司二員守備三員千把外委四十三員
馬步兵丁裁減後實存一千六百一十三名例
歸河臣校閱自咸豐三年前河臣福濟調考以
後因逆匪竄擾豫疆前河臣長臻李鈞俱常駐

豫省督防河岸迄今六載未曾考驗雖經隨時
飭令該管將領訓練恐其中難免無技藝生疎
因循戀棧情弊且七年分
軍政之案亟須補行前經臣附片奏請擬於十月
內親赴濟甯閱伍甄別仰蒙
恩准在案臣於霜降後將黃河應辦各事布置妥協

即於十一月初一日自工起程初五日到濟先
赴運河勘工折回即於十一至十七日首閱四
營合摻陣勢隊伍整齊連環施放鳥鎗進止聯
絡試演藤牌刀棍長矛撲滚擊刺俱屬便捷演
放鎗炮準頭計有八分次閱將備員弁弓馬尚
皆去得復分營逐名考驗馬步兵丁弓箭中靶

皆在八分以上間有練習勁弓者襍技亦尚可
觀惟有世襲恩騎尉中營右哨千總惠錫爵咨
補城守營經制外委周緒厚箭射無準而精力
據各該營揭報前來
正壯應請將惠錫爵撤任周緒厚以額外降補
均責令練習聽候覆驗以觀後效其餘外委及
馬步兵丁擇其實在出色者酌加獎賞並存記

拔擢技藝平庸者分别責革以示勸懲至河標
弁兵催漕撥護差務雖繁而各就分守汛地儘
可隨時操演現仍責成各將領督飭備弁勤加
操演務期紀律嚴明技藝精熟一兵得一兵之
用以仰副
聖主整飭戎行修明武備之至意再四營馬匹軍裝

器械等項按冊點驗尚屬膘壯足數合併聲明

除

軍政一案彙同修防官兵照例具

題外所有校閱河標營伍仍飭認真訓練緣由理

合恭摺具陳伏乞

皇上聖鑒謹

奏

咸豐九年十一月二十一日具

奏於十二月初六日奉到

硃批知道了欽此

再現在皖捻未靖出沒靡常時思北竄豫東附
近各州縣均應設防現在兵單餉絀全須賴各處鄉團練勇協力
齊心以濟兵力之不足而濟甯州城地當衝要
為北省藩籬久為逆捻窺伺尤為至緊臣到濟
後詳審形勢博採衆論知現任濟甯州知州盧
朝安辦事向來認真輿情愛戴數載以來會同

本地紳董辦理練勇勸集鄉團悉合機宜上冬皖捻撲近濟甯該州隨同運河道敬和及河標将備並河工地方現任候補各員調集兵勇分投擊退後即各首先捐廉勸諭紳民鋪户量力捐資並知會鄰封各縣勸富者出資貧者出力将東南之牛頭河萬福河挑穵深通飭委熟諳

地利之河工候補同知解汝修署下河通判蕭湘總司其事瀦蓄南旺明蜀山兩湖之水一有警報即啟单閘放水入各該河攔截本年春夏之間復勸捐經費將濟甯城関廂外四面圈築土圍挑濠注水以作重障籌議團練義勇或分守土圍或協同官兵堵剿明定章程各團長亦各認

真齊心 臣 於閱視官兵大操後即調閱練勇隊
伍極為整齊施放鎗砲聯絡又履勘所挑牛頭
萬福等河及城外土圍濠溝層層攔禦布置周
密聲勢甚壯足資防守逆捻諒不敢深入即東
境曹縣城武鉅野所屬各集鎮均師堅壁清野
之法高築土圍挑挖重濠 臣 沿途詳勘察訪民

情聞均志深敵愾莫不集團防堵各保身家查東
省邊防南路曹單境內現有署曹州鎮郝上庠
帶領兵勇駐劄東路嶧滕等處有副都統德楞
額帶領馬隊駐防惟西路豫東交界之考城一
帶空虛本年九月內捻匪即由該處竄入擾及
曹縣若再有馬隊千名

欽
飭派得力之員統帶駐劄考城則東境可保無虞而
免北竄之慮并可兼防直隸長垣地面豫省蘭
儀等處設有緊急亦可就近策應伏候
聖裁除臣再面諭濟甯州盧朝安並各團長將所集
練勇勤加操演務收實效不任日久懈弛以至
濟甯文風素盛設有漁山任城兩書院其漁山

書院係屬地方任城書院向歸河工經理每歲
由河臣甄別取定舉監生童等第送入書院肄
業延有山長按月課試近年係札運河道代為
甄別臣此次到濟於閱兵之暇將肄業舉監生
童扃門考試取其文理優長者酌給花紅用示
獎勵以仰副
總在書院肄業諸生多係連年勸捐團練及充當練
總之人且于獎勵之時面諭以團練鄉勇為桑
梓保衛即為國家出力務望臨時團出有勇
平日更宜知方斷不可藉此擾官病糧

聖主重武修文之至意為此附片奏

聞謹

奏

咸豐九年十一月二十一日附

奏於十[illegible]月初六日奉到

硃批知道了欽此

奏為勘明運河現在情形恭摺奏祈
聖鑒事竊照東河督 臣経管黃運兩河修防工程同
關保堤衛民而運河為通漕要津隄岸為行縴
大道尤屬至緊必須勘明寔在情形庶防守稍
有把握而先知底蘊遇有請修各工應准應駁

方能權衡悉當以免虛費是以　臣到濟即先詳
細履勘查東省運河亘長一千一百二十餘里
南自臺莊北至臨清設正閘五十座攔蓄水勢
按時啓閉以濟舟行兩岸土石堤壩道里延長
并有单閘水口涵洞数十處水大則賴以收納
入湖用資瀦蓄水小則啓板宣放湖水以濟漕

運其北路復有減水各閘減洩伏秋盛漲之水以保堤工前人立法至周且備惟工段繁多閘座則常年啓閉堤岸則船隻往来施犁打橛每易損壞而運河並無来源専賴各山泉及坡水滙注成河山水挾沙下注水過沙停歳歳淤墊因此從前冬挑工程按年估辦惟修工經費歳

有定額向俱擇其最要殘塌之工請修剔緩來
修者甚多且南路土石堤工閘座經咸豐初年
江南豐工兩次漫淹浸泡数年載之久坍塌損壞
者不堪枚舉北路復因蘭陽漫口黃水穿運東
注頂托清水以致堤工埽壩倍形吃重而河身
已七載未挑淤墊極厚間有平陸之處商賈民

船均係繞湖行走此運河現在情形也若欲修
覆運道必須挑築並舉當此軍務未靖籌餉維
艱安有如許錢糧辦理 臣確按形勢南漕設須
河運以大挑河身為急務蓋河深則可以容水
通舟兩岸縴道以及張秋穿運處所尚可設法
儹挽若河身不挑斷難通漕也至近年請修各

工非關漕運寔為衛民緣河底日墊日厚水勢
愈抬愈高每值汛漲堤岸岌岌可危若不擇其
要中之要修築聽其大壞不辦設有疎虞民間
田廬悉成澤國情何以堪且多蠲緩賑恤之資
於
國計轉無裨益如責以修防不力則無米何能為

炊其估修圍湖堤埝挑通引渠亦為蓄水禦賊
此又運河歲搶修咨案並奏案工程不能不照
常請辦之寔在情形也所有咸豐八九兩年奏
案工程屢奉部駁行令臣親勘刪減臣遵照按
工履勘均屬應行辦理係先經減定之工寔未
能再減另容隨後彙案奏

奏再臣發摺後仍即起程赴豫駐劄下南廳黑堽
工次督防黃河催辦歲儲其運河事宜責成運
河道敬和核寔籌辦合併聲明為此恭摺具奏
伏乞
皇上聖鑒謹
奏

咸豐九年十一月二十一日具
奏於十二月初六日奉到
硃批知道了欽此

再查東河修防經費向由司庫全数撥發自粵
逆滋擾以後司庫迫於軍餉河工之款未能依
時寬撥先經前河臣請於各道庫收捐湊用均
按支款上兑原收原發深資接濟上年及今春
因屢經户部議令東河捐輸必須按七銀三鈔
上兑較之從前票五鈔三銀二並鈔八銀二之

数大相懸殊以致無人報捐適臣蒙
恩補授東河總督於請
訓時仰荷
垂念工需拮据
諭令臣到任再行酌量分成奏請感激無既迨臣到
任後查知豫省捐生均購餉票上兑較之三銀

七鈔尚可節省孰肯舍少就多自必願捐軍餉
不願捐輸河工經費即使分成奏蒙
恩准亦恐無人上兑曾於七月內附片
奏明惟有設法抬高鈔價暫時敷衍辦理並聲明
仍廣爲招徠或有按新章樂輸者亦未可知在
案迄今又閱數月臣雖嚴飭各道廳多方勸諭

竟無以七成現銀三成寶鈔報捐者是東河捐
輸已不停而自停茲 臣 在濟體察情形查黃河
用鈔價值雖賤而司庫尚可稍為搭收藉資周
轉運河寶鈔雖蒙
恩勅部頒發因司庫絲毫不准搭收以致無從出售
仍同廢紙若專恃五成現銀辦工實屬不敷不

得不將捐輸一層變通請辦因思黃河工項係
按鈔七銀三支發如照此收捐與新章七銀三
鈔大相懸殊其運河用項現係五銀五鈔若准
官生照文款上兑較之七銀三鈔所短無多原
收原放似與經費有裨且運河非黃河可比是
以前辦捐輸每年不過收三四萬兩與京局捐

輸亦無妨碍臣為籌畫運河修費起見合無仰

懇

天恩勅部速議運河捐輸仍准照五銀五鈔辦理則感

荷

格外而修防之費亦可藉以周轉

庶寶鈔不因虧低

鴻慈於無既為此附片具

奏伏乞

聖鑒訓示謹
奏咸豐九年十一月二十一日附
奏於十二月初六日奉到
硃批户部速議具奏欽此

奏為併案盤查東省運河兗沂兩道河庫錢糧恭
摺仰祈
聖鑒事竊照豫東兩省管河四道俱有經管河庫錢
糧總河到任後應行盤查奏報又案准部咨東
河各道庫存銀兩例於年終盤查前已將併案

盤過豫省開歸河北兩道庫錢粮緣由具
奏在案臣因運河兗沂兩道年終盤庫一案前任
各河臣多年未盤臣到濟後即與到任盤庫併案
辦理先經飭據各道將庫存各款分晰造冊詳
送前來臣隨於十一月初十並十九等日先後
親赴運河兗沂兩道庫逐款盤查運河道庫應

存銀二百三十六兩七錢七分九厘官票銀二
千二百八十九兩寶鈔一千一百四十六串制
錢二十四千九百六十六文兗沂道庫應存銀
二千五百八十七兩一錢七分六厘六毫官票
銀九千四百三十三兩九分八厘當堂核對庫
簿冊籍均屬相符並無虧短彈兑平色亦皆足

實再查東河修防錢粮向於司庫撥交道庫轉
發各廳承辦現在運河道庫存款甚微臣當行
催藩司將奉准之款隨時籌撥接濟俾免貽悮
合併聲明所有併案盤過東省兩道庫錢粮緣
由理合恭摺具
奏伏乞

皇上聖鑒謹

奏

咸豐九年十一月二十一日具

奏於十二月初六日奉到

硃批知道了欽此

奏為查明九月分各湖存水尺寸謹繕清单恭摺
仰祈
聖鑒事窃照嘉慶十九年六月内欽奉
上諭湖水所収尺寸每月查開清单具奏一次等因欽
此所有八月分湖水尺寸業經臣繕单具

奏在案茲據運河道敬和将九月分各湖存水尺

寸開摺稟報前来 臣 查微山湖定誌收水在一

丈四尺以内因豐工漫水灌注量驗湖底積受

新淤恐不敷濟運經前河 臣 李 會同前撫 臣

崇 奏奉

上諭加收一尺以誌樁存水一丈五尺為度本年八

月分存水一丈二尺九月內長水四寸寔存水一丈二尺四寸較上年九月水大二尺八寸此外除馬場一湖水無消長昭陽南陽獨山三湖各消水一寸外其南旺蜀山馬踏三湖長水三寸二分及五寸一分並八分計昭陽湖存水五尺一寸南陽湖存水三尺七寸南旺湖存水五

尺五寸四分獨山湖存水六尺馬場湖存水三
尺九寸蜀山湖存水八尺三寸一分馬踏湖存
水五尺二寸以上各湖存水均比上年九月水
大自二寸三分至二尺六寸六分不等查各湖
存水雖均較大於上年而時已冬令来源微弱
臣當督飭道廳将各單閘水口分别屯堵不准

湖水外洩其蜀山馬踏二湖俟煞壩後尚有全
汶之水収納現飭将進水入湖之路展寛挑深
可期源源加長収符定誌不任稍有怠忽以仰
副
聖主慎重湖瀦之至意所有九月分各湖存水尺寸
謹繕清单恭摺具

奏伏乞
皇上聖鑒謹
奏
咸豐九年十一月二十一日具
奏於十二月初六日奉到
硃批知道了欽此

謹將咸豐九年九月分各湖存水實在尺寸逐
一開明恭呈
御覽
運河西岸自南而北四湖水深尺寸
一微山湖以誌樁水深一丈二尺為度先因湖
底淤墊三尺不敷濟運奏明收符定誌在一

丈四尺以内又因豐工漫水灌注量驗湖底
復受新淤二尺七寸奏奉
上諭加收一尺以誌樁存水一丈五尺為度本年八
月分存水一丈二尺九月内長水四寸實存
水一丈二尺四寸較八年九月水大二尺八
寸

一昭陽湖本年八月分存水五尺二寸九月內
消水一寸實存水五尺一寸較八年九月水
大五寸
一南陽湖本年八月分存水三尺八寸九月內
消水一寸實存水三尺七寸較八年九月水
大一尺三寸

一南旺湖本年八月分存水五尺二寸二分九
月内長水三寸二分實存水五尺五寸四分
較八年九月水大二尺六寸六分
運河東岸自南而北四湖水深尺寸
一獨山湖本年八月分存水六尺一寸九月内
消水一寸實存水六尺較八年九月水大一

尺二寸
一馬場湖本年八月分存水三尺九寸九月內
水無消長仍存水三尺九寸較八年九月水
大二尺六寸
一蜀山湖定誌收水一丈一尺為度本年八月
分存水七尺八寸九月內長水五寸一分實

存水八尺三寸一分較八年九月水大二寸三分

一馬踏湖本年八月分存水五尺一寸二分九月內長水八分實存水五尺二寸較八年九月水大六寸一分

奏為淩汛已届督飭各廳慎密防護並嚴催趕辦

歲料恭摺仰祈

聖鑒事竊照黃河防護淩汛與桃伏秋三汛修守並

重十一月二十九日節交冬至淩汛已届因本

年氣候較遲天時早經嚴寒河氷漸見流澌往後

深冬雪降河水尤易凍結一經大塊冰凌下注
兩岸臨黃埽壩既恐劖傷其河勢坐灣之處又
慮擁集抬[擡]水致有隱患　臣先經通飭有河各廳
營親身上堤督率汛弁兵夫往來認真巡防並
於埽前密掛柳椿以資攩禦復多備打凌器具
船隻分派外委兵丁前赴河身兜灣各處不時

查看一有氷塊壅遏立即敲打推行使之順流而下以免停積抬水臣現已由濟来豫仍駐劄下南廳黑堽工次督防渡口當就近飭令各道廳慎密防護不任稍有怠忽至冬令採購来年歲儲最為急務向按各廳工程之繁簡分派辦料之多寡例於歲內堆齊近年因司庫應撥河

工之項未能依時給發道庫早空生鈔價值既
賤廳員復挪墊力竭是以均展限至次年桃汛
内辦竣所有庚申年應歸歲稭麻觔為大汛修
防根本早已派定數目前経 臣 體察情形民間
秋穫所収稭麻均思運至工次出售藉資利用
各廳若不及時採辦窮民難以等待勢必先行

貴作燒烟迨春間收購料愈少而價愈貴以兩
槩之價不足辦一槩之料其中折耗較多臣於
霜降後即赴省與撫臣瑛　藩司祥裕面商熟
籌成總撥發料價俾可乘時赶購無如司庫寔
形支絀迨已臈月初旬應撥之款仍不能~~覓~~按照給臣
惟有嚴催各該廳設法收買年前多堆一槩之

料即受一埽之益一面諄催藩司迅速籌款撥
發接濟如有不足仍於来春補購完竣報候查驗斷
不准藉詞短少遅延總期工儲充裕以資備防
所有督飭防護黄河凌汛緣由理合恭摺具
奏伏乞
皇上聖鑒謹

奏

咸豐九年十二月初九日具

奏於十二月三十日奉到

硃批知道了欽此

再本年揀發東河學習翰林院編修童福承於
三月初五日到工前經　臣委赴黃河協防大汛
因往來兩岸巡防途次覆車折損左臂筋骨療
治無效呈請給假兩月回浙江原籍醫治於八
月十三日起程赴浙當經　臣附片具
奏并聲明俟回工後除去離工日期扣滿學習二

年是否可以留工再行照例察看在案月前臣
在濟甯據該員童福承呈報所損左臂已由籍
醫痊因沿途風水阻滯於十一月二十日回工
等情臣當即接見察其行動舉止俱已照常除
仍飭留心學習講求疏濬挑築及修防事宜外
理合附片奏

聞謹
奏
咸豐九年十二月初九日附
奏於十二月三十日奉到
硃批知道了欽此

奏為親勘咸豐八九兩年分運河奏修各工俱屬
應行辦理銀數委係節次減定未能再減恭摺
覆陳仰祈
聖鑒事竊臣前奏本年東省運河等五廳擇要請修
土石堤岸埽壩以禦汛漲而衛民廬一摺恭奉

硃批該部速議具奏欽此旋於九月內接准工部咨
以運河土石堤壩等工漕行往來保衛民廬均
關緊要每年修辦用銀不得過十萬兩惟該處
工程總以糧艘為最要近來南糧悉由海運議
令臣親歷詳勘擇其刻不可緩者方准估辦應
另行據實刪減專摺覆奏再由部臣覆核辦理

布

飾

臣於十一月內前赴濟甯閱伍正擬須勘間復
准工部咨以臣前此覆奏咸豐八年運河奏咨
各案未能刪減請照原案銀數估銷一摺議令
臣親往查勘仍照部臣前咨奏明原案將用過
銀兩認真刪減不得任聽屬員飾詞覆奏以重
度支而節經費各等因臣當即遵照查明咸豐

八九兩年運河五廳辦過奏案工程逐段詳細親勘俱屬刻不可緩應行辦理復將所估錢糧確實勾稽計八年分連堵築朱姬莊攔河大壩共銀九萬餘兩九年分共銀八萬九千餘兩委係節次減定之工未能再減並將搶、搶修咨案工程順道詳勘亦無浮冒虛捏之處伏查運河兩岸土石堤垻道里延長其正閘単閘涵洞水口引渠工段亦屬繁多閘座則常年啓閉堤岸則船隻往来施犁打橛每易損壞祇因修工經費歲有定額向俱擇其最要段落請辦且南路先経江南豐工漫水浸泡数載之久北路現為蘭工漫水穿運行走頂托清水以致殘塌處所

尤不堪枚舉近年請修各工非關漕運實為衛
民蓋每歲伏秋汛內大雨時行山泉坡水滙流注
入河雖不如黃流之湍激而拍岸盈堤亦屬岌
岌可危若不預將堤埧增培高厚用資攔禦聽
其大壞不辦設有踈虞民田廬舍悉成澤國情
何以堪且益多蠲緩賑卹之資於所費更大

國計轉無裨益其修築圈湖堤埝挑穵引渠亦為
蓄水禦賊權其輕重似不可徒博撙節之名致
貽他患臣先於勘明運河現在情形摺內分晰
陳
奏在案所有咸豐八九兩年分奏案工程俱係核實
請辦較之額定銀十萬兩每歲已節減銀一萬

兩上下況運河修工錢粮現按五銀五鈔給發
核較從前全由司庫撥發者撙節現銀尤多仰
懇
天恩俯念運河工程亦關緊要上今兩年請修之工
俱已辦竣
敕部仍按各該年原奏銀数照准則感荷

鴻慈於無既除將八年分之案分別
題題估九年分動用銀數彙入比較清單具
奏外為此恭摺覆陳伏乞
皇上聖鑒訓示謹
奏
咸豐九年十二月初九日具

奏於十二月三十日奉到
硃批該部議奏欽此

再東河黃運各道屬每年辦過土埽磚石各工
丈尺細數動用錢粮清单及比較找撥不敷等
件向於歲內具
奏近年前任河臣因長駐豫省督防黃河渡口未
能查照向章於霜降安瀾後即回濟辦事而濟
署辦公書吏除大汛期內水長事繁不能不調

赴工次繕辦以期迅速外至霜後則無緊要之
事其尋常案牘仍令該書吏等回濟甯衙門核
繕以節在工經費惟包封往来未免稍遲時日
是以清單比較等摺均經附片
奏准展限至正月内具奏在案臣前在濟甯閱伍
勘工事務紛繁所有本年清單等件雖已飭令

在署書吏核辦而冊頁較多年前趕繕不及應
請仍展限至正月內彙
奏俾可從容勾稽而免舛錯理合附片陳明伏乞
聖鑒謹
奏
咸豐九年十二月初九日附

奏於十二月三十日奉到

硃批知道了 欽此

奏為查明十月分各湖存水尺寸謹繕清单恭摺
仰祈
聖鑒事竊照嘉慶十九年六月内欽奉
上諭湖水所収尺寸每月查開清单具奏一次等因欽
此所有九月分湖水尺寸業経臣繕单具

奏在案玆據運河道敬和將十月分各湖存水尺
寸開摺稟報前來 臣 查微山湖定誌收水在一
丈四尺以內因豐工漫水灌注量驗湖底積受
新淤恐不敷濟運經前河 臣 李 會同前撫 臣
崇 奏奉
上諭加收一尺以誌樁存水一丈五尺為度本年九

月分存水一丈二尺四寸十月內水無消長較
八年十月水大二尺二寸此外除蜀山一湖長
水一寸三分南旺馬場馬踏三湖均水無消長
外其昭陽南陽獨山三湖各消水三寸計昭陽
湖存水四尺八寸南陽湖存水三尺四寸南旺
湖存水五尺五寸四分獨山湖存水五尺七寸

馬場湖存水三尺九寸蜀山湖存水八尺四寸
四分馬踏湖存水五尺二寸以上各湖存水均
比上年十月水大自三寸至二尺八寸二分不
等查各湖收水非但宣濟船行且備放灌各河
攔禦賊匪之用最關緊要現已冬令來源微弱
必須將各單閘加下嚴板不使涓滴漏洩其北

路蜀山馬踏二湖一俟東省小米幫船挽過分
水口即令赶築汶垻収納全汶之水可期源源
增益臣惟有督飭道廳隨時妥為經理並慎守
堤埝務保無虞不任稍有疎忽以仰副
聖主重瀦衛民之至意所有十月分各湖存水尺寸
謹繕清单恭摺具

奏伏乞

皇上聖鑒謹

奏

咸豐九年十二月初九日具

奏於十二月三十日奉到

硃批知道了欽此

謹将咸豐九年十月分各湖存水實在尺寸逐

一開明恭呈

御覧

運河西岸自南而北四湖水深尺寸

一微山湖以誌樁水深一丈二尺為度先因湖

底淤墊三尺不敷濟運奏明收符定誌在一

丈四尺以内又因豐工漫水灌注量驗湖底
復受新淤二尺七寸奏奉
上諭加収一尺以誌樁存水一丈五尺為度本年九月分
存水一丈二尺四寸十月內水無消長仍存
水一丈二尺四寸較八年十月水大二尺二
寸

一昭陽湖本年九月分存水五尺一寸十月內
消水三寸實存水四尺八寸較八年十月水
大三寸
一南陽湖本年九月分存水三尺七寸十月內
消水三寸實存水三尺四寸較八年十月水
大一尺一寸

一南旺湖本年九月分存水五尺五寸四分十
月內水無消長仍存水五尺五寸四分較八
年十月水大二尺八寸二分

運河東岸自南而北四湖水深尺寸

一獨山湖本年九月分存水六尺十月內消水
三寸實存水五尺七寸較八年十月水大一

尺

一馬場湖本年九月分存水三尺九寸十月内水無消長仍存水三尺九寸較八年十月水大二尺六寸

一蜀山湖定誌収水一丈一尺為度本年九月分存水八尺三寸一分十月内長水一寸三

分實存水八尺四寸四分較八年十月水大五寸二分

一馬踏湖本年九月分存水五尺二寸十月內水無消長仍存水五尺二寸較八年十月水大六寸一分